SOCIÉTÉ MÉDICALE DE CHAMBÉRY

L'EAU MINÉRALE

DE

CHALLES

HISTOIRE — GÉOLOGIE — PHYSIQUE & CHIMIE
PHYSIOLOGIE & THÉRAPEUTIQUE

Commission de Rédaction :

MM. CALLOUD, DARDEL, DÉNARIÉ, DUMAZ
GUILLAND, *rapporteur*.

—∞—

CHAMBÉRY

Typographie D'ALBANE

1874

L'EAU MINÉRALE

DE

CHALLES

HISTOIRE — GÉOLOGIE — PHYSIQUE & CHIMIE
PHYSIOLOGIE & THÉRAPEUTIQUE

Commission de Rédaction :

MM. CALLOUD, DARDEL, DÉNARIÉ, DUMAZ
GUILLAND, *rapporteur*.

—◁◇▷—

CHAMBÉRY

Typographie D'ALBANE

AVRIL 1874

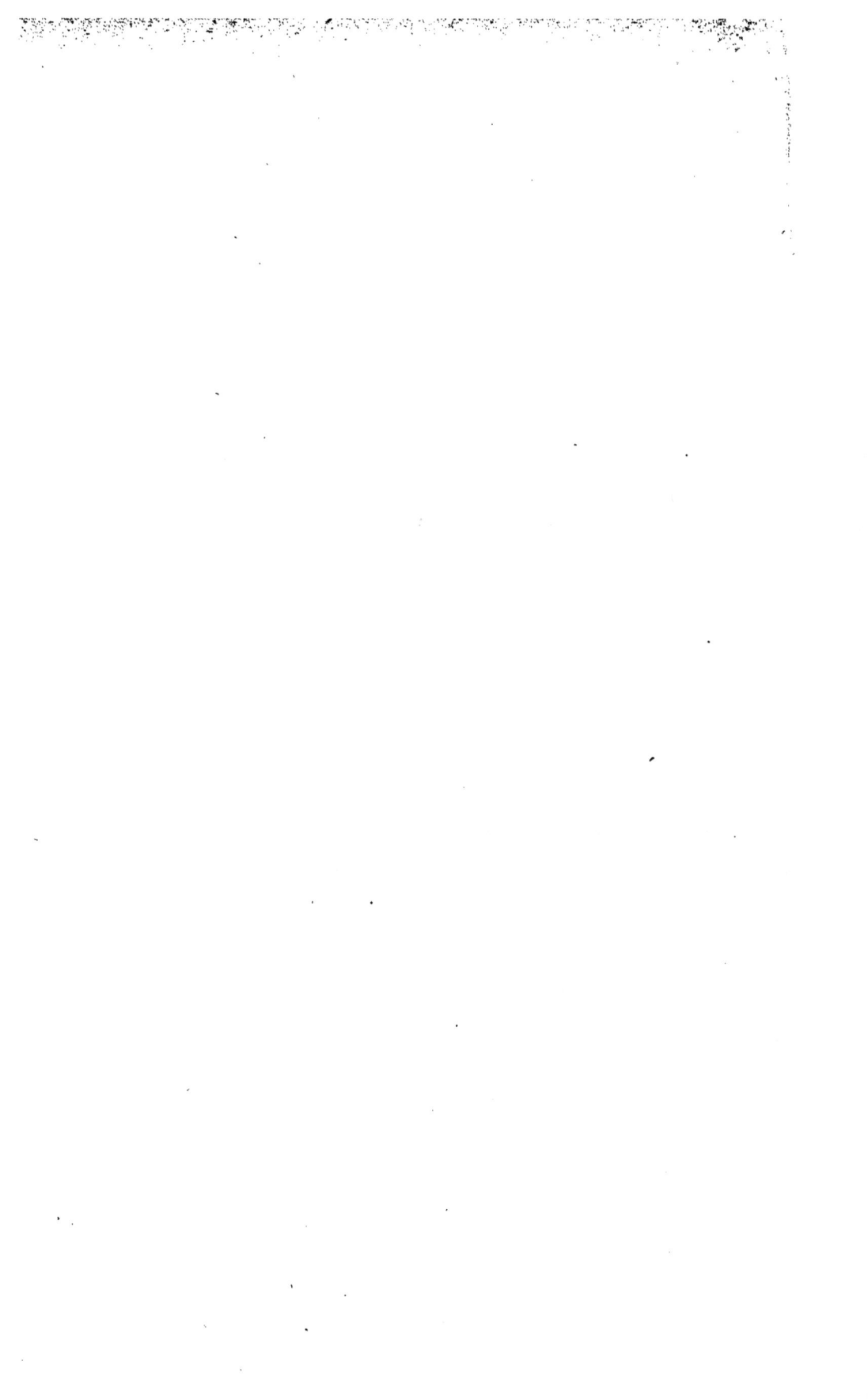

LES

EAUX DE CHALLES

Situées à cinq kilomètres de Chambéry, et employées surtout à Aix jusqu'à ces derniers temps (1), les Eaux de Challes devaient fournir les plus fréquentes occasions d'essais aux médecins d'Aix et de Chambéry. Les brochures publiées sur cette source portent en effet, à chacune de leurs pages, à côté des attestations des principaux praticiens de Lyon, de Turin, de Paris et des hôpitaux spéciaux, les signatures des médecins du pays : témoin les procès-verbaux de la Société médicale de Chambéry, ainsi que les comptes rendus de la Commission médicale des bains d'Aix.

Aussi lorsque, dans notre séance du 2 février 1869, l'un de nous, le docteur Dénarié, proposa l'élaboration collective d'une étude, qui serait le contrôle des publications antérieures, peut-être parfois trop enthousiastes,

---

(1) Aix débite 5,000 bouteilles d'Eau de Challes par été.

ou complaisantes, ou trop hâtives, leur résumé critique
et leur complément, — notre Société y adhéra avec un
empressement à la fois patriotique, humanitaire et
scientifique. Elle voulut faire pour Challes ce qu'elle
avait heureusement accompli deux fois pour la collection des Eaux minérales de la Savoie (1), et en particulier pour l'Eau de la Bauche (2). Il lui plut aussi de
remplir par là comme un devoir de confraternelle
piété envers la mémoire de son cher et regretté président d'honneur, le docteur Domenget.

Une Commission fut immédiatement nommée aux
personnes de MM. Dénarié, Guilland (d'Aix) et Michaud.
Un appel fut envoyé à tous les médecins du pays et
aux principaux médecins consultants ou hospitaliers des
capitales. Le canevas de l'œuvre fut dressé, et, durant
les quatre années qui viennent de passer, outre une
dizaine de séances exclusivement consacrées à cette
question, il en est peu où elle ne se soit mêlée à l'ordre
du jour.

La mort prématurée du docteur Michaud introduisit
successivement dans la Commission le docteur Dardel
(d'Aix) ; et, quand celui-ci, après avoir reproduit nos

---

(1) Les Eaux minérales de Savoie à l'Exposition universelle
de Paris, en 1855 (Rapport par Ch. Calloud) ; — à l'Exposition
nationale de Turin en 1858 (Rapport par la Chambre d'agriculture et de commerce).

(2) Analyse de l'Eau minérale de La Bauche par Ch. Calloud ;
— Médication par les ferrugineux et particulièrement par l'eau
de La Bauche, par le docteur Guilland — (publiées en 1863 par
la Société médicale).

premières discussions avec sa verve facile et son érudi-
tion abondante, fut si regrettablement empêché par la
maladie d'assister à nos séances, M. Calloud nous
apporta sa haute compétence chimique et ses nombreuses études sur l'hydrologie de la Savoie. Enfin, la
Commission s'est heureusement complétée par l'adjonc-
tion de M. Dumaz, secrétaire actuel de la Société médicale.

C'est le résumé de cette collaboration de tous, durant
quatre années, avec ses gages d'impartialité collective
et de contrôle mutuel, que nous avons la satisfaction de
présenter aujourd'hui à nos confrères.

Notre travail se divisera naturellement en trois cha-
pitres : le premier comprendra l'historique de la source
de Challes, ses conditions géologiques, physiques et chimiques, son installation, un index bibliographique complet.— Le deuxième sera un rapide aperçu de son action
physiologique par le Dr Dumaz. — Le troisième, le plus
étendu, comme rentrant plus spécialement dans notre
cadre pratique, considérera les propriétés thérapeutiques
de l'Eau de Challes dans les diverses affections où elle
est indiquée.

Enfin, nous espérons pouvoir donner en *post-scrip-
tum* la description et les résultats du captage et de
l'emmagasinage, qui s'achèvent au moment où nous
mettons sous presse.

CHAPITRE PREMIER

§ 1. — APERÇU HISTORIQUE

Le voyageur qui se rendait autrefois de Chambéry en Italie par la route royale, remarquait à sa gauche, peu après avoir quitté la capitale du duché de Savoie, parmi les tableaux variés que chaque tour de roue révélait à son œil charmé, le vieux château de Challes, sa tour massive de la fin du XVI° siècle et sa grande terrasse, adossés à un vignoble que couronne la verte montagne de Curienne (1). Depuis que le chemin de fer a tendu ses rails, presque parallèlement à l'ancienne route, mais un peu plus au midi, le site se montre bien encore au voyageur ; mais il apparaît et disparaît brusquement à ses regards entre les gracieuses collines de la Ravoire, et celles de Challes-Triviers et de Challes-Saint-Jeoire, deux communes qui ont voulu annexer à leur ancienne dénomination ce nom désormais célèbre.

A mi-chemin entre le château de Challes et l'église de Triviers, au point appelé *Vers-le-Moulin*, on avait remarqué, au milieu d'un bouquet d'aunes, une source limpide, émergeant en bouillonnant parmi des graviers aux incrustations jaunâtres, et exhalant, à certains jours, une odeur sulfureuse. En 1839, le filet minéral

---

(1) On vient d'y découvrir un *oppidum*, et dans ses flancs, une grotte à *ossements*. (Voir le rapport du docteur Jules Carret au tome XIX° des *Mémoires de la Société Savoisienne d'histoire et d'archéologie.*)

se dégageant des eaux potables auxquelles il était asso-
cié, vint sourdre plus au bord de la route. C'est au printemps de 1841 que le docteur Domenget, propriétaire
des terres et du château seigneurial des Milliet de Challes (1), non sans de longs procès qui retentirent devant
les cours judiciaires de Chambéry, de Turin, et dans
les barreaux de Grenoble et de Lyon, accorda son atten-
tion à la source à laquelle il devait désormais bien légi-
timement attacher son nom : le véritable inventeur
n'est-il pas le parrain, le vulgarisateur d'une découverte ?

Peu de mois après, la source de Challes faisait ses
débuts dans le monde savant, présentée à l'Institut des
provinces réuni en congrès à Lyon, par MM. Domenget,
Pelouze et Commarmond. — Ossian Henry l'analysait,
en 1842, au nom de l'Académie de médecine de Paris.

En août 1844, le docteur Dupasquier la titrait lui-
même avec son sulfhydromètre, devant la Société Géologique de France réunie à Chambéry. Autorisée pour

---

(1) La seigneurie de Challes passa dans l'illustre famille des
Milliet, en la personne du célèbre Louis Milliet, baron de Challes,
né en 1527, à Chambéry, créé par Emmanuel-Philibert premier
président au Sénat de Savoie et grand chancelier. La baronnie de
Challes passa, à sa mort, à son fils Hector Milliet, premier président et commandant général en Savoie, et de celui-ci à son fils
Jean-Louis, président de la Chambre des comptes, en faveur de
qui elle fut érigée en marquisat, au milieu du XVIIe siècle.
Cette branche s'éteignit en 1777, en la personne d'Henri-Joseph,
baron du Saint-Empire. (Voir Grillet : *Dictionnaire historique*,
et Besson : *Histoire généalogique de l'illustre maison Milliet*,
rééditée par notre ami M. F. Rabut, *in* : t. viij de la Société
savoisienne d'histoire et d'archéologie.)

sa vente en France, le 27 octobre 1842, elle avait, en 1854, les honneurs d'un rapport par le docteur Le Bret, au nom de la Société d'hydrologie de Paris. Dès lors, elle a été l'objet de nombreuses brochures spéciales, et tous les traités généraux d'hydrologie et de thérapeutique l'ont mentionnée avec admiration.

Bibliographie de Challes.

Domenget : Aperçu sur les Eaux minérales de Challes. — Chambéry, Puthod (39 pages in-8°), 1841.

Congrès scientifique de France. — *in* : Session de 1843.

O. Henry : *in* : Revue des eaux minérales. — Sept. et oct. 1843.

Bonjean : Recherches chimiques, physiologiques et médicales sur les eaux de Challes. — Chambéry, Puthod (15 pages in-8°), 1843.

Bertini : Idrologia minerale dei Stati sardi. — 2e édition, Turin; (page 255), 1843.

Société géologique de France, session de 1844.

Domenget : Nouveau recueil de faits et observations sur les Eaux de Challes. — Chambéry (80 pages in-8°), 1845.

Rognetta : *in* : Annales de thérapeutique. — Juin 1846.

Domenget : Lettre à MM. les médecins sur les Eaux de Challes. — Paris (15 pages in-8°), 1849.

Vidal François : Essai sur les Eaux minérales d'Aix. — Chambéry, 1851 (voir page 127).

Chatin : Gazette médicale de Lyon. — 31 août 1852.

Lombard : Une cure aux bains d'Aix. Extrait du recueil des travaux de la Société médicale de Genève. — (34 pages in-8°), 1853.

Baumès : Précis sur les diathèses. — Paris, 1853.

Domenget : Troisième recueil de documents sur les Eaux de Challes. — Chambéry, Puthod (95 pages in-8°), 1854.

Calloud : Rapport sur la collection des Eaux minérales de la Savoie, pour l'exposition universelle de Paris en 1855. — Chambéry (pages 12 à 15), 1855.

Domenget : Considérations sur les Eaux minérales de Challes.—
  Chambéry (52 pages in- 8°), 1855.
Davat : Compte rendu des Eaux d'Aix en 1854. — Paris (voir
  page 27), 1855.
Domenget : Notice sur les Eaux de Challes. — Chambéry (31
  pages in-8°), 1856.
L. Bertier : Les Eaux d'Aix en 1856.—(Voir pages 14-19), 1856.
Vidal François : De l'emploi des eaux d'Aix comme moyen cu-
  ratif et diagnostique des accidents consécutifs de la syphilis.
  — Chambéry (voir page 31), 1856.
Heinriech : Des Eaux de Challes, in : Revue des sciences, des
  lettres et des arts. — Mai et juin 1858.
Chambre d'agriculture et de commerce de Chambéry : Catalogue
  des objets envoyés à l'exposition nationale de Turin, en 1858,
  par les exposants de Savoie. — (Voir pages 23, 41, 45), 1858.
Eaux de Challes (prospectus de 4 pages in-4°), 1859.
Guilland : Compte-rendu des Eaux d'Aix en 1858. — Cham-
  béry (voir page 40), 1859.
Diday : Gazette médicale de Lyon (page 176), 1859.
Pétrequin et Socquet : Traité général des Eaux minérales. —
  (Pages 560 à 584), 1859.
Durand-Fardel, Le Bret, Lefort et François : Dictionnaire géné-
  ral des eaux minérales. — Paris (page 413), 1860.
Calloud : Rapports de la géologie avec l'hydrologie minérale de
  la Savoie. — Genève (extrait de la *Nymphe des eaux;*
  22 pages in-8°), 1860.
Bertherand : Nouvelles études sur les Eaux de Challes.—Cham-
  béry (16 pages in-8°), 1860.
Bonjean : Aix et Marlioz. — Chambéry (V. p. 113 à 116), 1862.
Congrès scientifique de France. — 30ᵉ Session (voir pages 448
  et suivantes), 1862.
Domenget : Documents et correspondances relatifs aux Eaux de
  Challes.— Chambéry (26 pages in-8°), 1865.
Dr Junge : Les Eaux de Challes. — Chambéry ; extrait du *Cour-*
  rier des Alpes; 6 pages in-8° (trois observations chez des
  malades russes), 1865.

Domenget : Nouveau recueil, etc., 2ᵉ édition revue. — (75 pages in-8°), Chambéry, 1865.

Réponse au docteur Aviolat (installation, inspection de Challes); — in : Courrier de Savoie du 28 juillet 1865.

Forestier : Etudes pratiques, etc. — (pages 225, 267, etc.); Chambéry, 1866.

P. de Choulot : Challes, Memento sur ses Eaux et ses environs. — Chambéry (81 pages in-12), 1869.

Dr Bazin : Leçons sur le traitement des maladies chroniques. — Paris, 1870.

Calloud : Rapport sur la séance extraordinaire de la Société médicale de Chambéry, tenue le 4 avril auprès de la source de Challes. — in : Courrier des Alpes du 23 avril 1870.

Société des Eaux minérales de Challes : Challes, ses Eaux et ses environs. — Vichy ; 16 pages in-12°, 1871.

C. James : Guide pratique, etc. — Pages 170 à 172, de l'édition de 1872.

P. Labarthe : Eaux minérales et bains de mer de la France (pages 121-123, et pages xxvij-xxj de l'introduction par le docteur Gubler), 1873.

John Macpherson : The baths and wells of Europa. — Londres (pages 196 et 296), 1873.

Hudry-Menos : Histoire naturelle d'une source d'eau minérale. in : Bibliothèque universelle. — Lausanne ; avril 1873.

Bonjean : Bulletin trimestriel des Eaux minérales de la Savoie et des départements voisins. — 1873-74

Bertier Francis : Des Eaux minérales de la Savoie (page 19). -- Paris, 1873.

Société des Eaux de Challes : Les Eaux minérales de Challes. — (Prospectus in-12 de 15 pages en français, en anglais et en italien) ; Chambéry, 1873.

Société de Challes : Rapport administratif. — 1873.

Société de Challes : Rapport administratif. — 1874.

Monde thermal : Passim.

Gazette des Eaux : Passim, et notamment : 1872, page 101, et 1873, p. 245, 261, 365, 388.

Le docteur Domenget mourait le 4 février 1867 ; sa précieuse découverte était menacée d'attendre indéfiniment les développements auxquels l'appelaient à l'envi sa minéralisation privilégiée, son heureux site et l'essor imprimé partout à l'hydrologie médicale, lorsqu'en mars 1870, quelques Savoisiens dévoués, réalisant un projet mis déjà bien des fois en avant, et toujours avorté (1), se constituaient en comité fondateur d'une *Société anonyme pour acquérir et exploiter la source de Challes* (2). Ils réunissaient entre eux la moitié du fonds social jugé nécessaire, et provoquaient son complément au moyen de 225 actions rapidement souscrites. Le contrat d'acquisition, retardé par un règlement préalable entre les héritiers et la commune, était signé le 1er avril 1871, et la Société entrait immédiatement en jouissance.

Dès 1872, l'exportation, qui était, en 1871, de 13,513 bouteilles seulement, doublait et arrivait à 26,307 ; elle a atteint 38,119 en 1873. L'ensemble de la consomma-

---

(1) Projet d'association de capitaux pour l'exploitation des Eaux minérales de Challes, par MM. Jarrin, docteur-médecin, et Janin, candidat notaire (juillet 1857). — Appel anonyme (juillet 1868), — etc.

(2) *Comité fondateur* : MM. Albert Costa de Beauregard, membre du Conseil général ; Ernest de la Serraz, propriétaire ; Pierre Goybet, avocat ; J. Martin-Franklin, manufacturier ; Christin de la Chavanne, banquier ; Claraz, propriétaire ; L. Exertier, négociant ; Guilland, médecin ; Ernest de Boigne, député ; J.-M. Angleys, propriétaire ; J.-S. Revel, architecte des bains d'Aix ; F. Bel, maire de Montmélian, membre du Conseil général ; A. Delachenal, ancien maire de Chambéry ; Ch. Pillet, maire de Challes-Triviers.

tion, tant sur place qu'à l'extérieur, représente 7,647 fr.
en 1871 ; 15,091 fr. en 1872 ; 20,581 fr. en 1873. En
outre, prenant en considération patriotique les intérêts
de la localité, et voulant répondre aux besoins de certains malades, la Société a transformé le château en
maison de santé, et disposé, dans un des corps de logis,
des cabinets de bains et des appareils pour les douches
pulvérisées. Indépendamment des baigneurs logés dans
les environs ou venant chaque jour de Chambéry, le
château a reçu cet été 143 hôtes. On a cité le général
Bourbaki, la baronne d'Egkh (Autriche), le baron Desmaisons (Saint-Pétersbourg), Artin-Effendi (Constantino-
ple), et il est venu des malades des Etats-Unis, de
Rome, de Naples, etc.

Ces provenances variées et lointaines démontrent
l'utilité de cette installation, que les résultats thérapeutiques obtenus sur place rendent chaque jour plus évidente.

Un service d'omnibus relie la station à la gare de
Chambéry ; il est combiné de manière à faciliter les fréquentes visites des baigneurs et des médecins d'Aix,
outre le mouvement des arrivées directes et celui des
baigneurs domiciliés à Chambéry. Le service médical
est assuré par ceux des médecins de Chambéry qui ré-
pondent à l'appel de la Société, en s'inscrivant pour
des visites à jour et heure fixes.

Divers dépôts ont été demandés et organisés à l'étran-
ger : à Londres, à Turin, à Gênes, à Milan, à Venise,
à Florence, à Genève, à Buenos-Ayres, à Pétersbourg,
à New-York, etc., soit dans les succursales de la Compagnie de Vichy, soit dans les principales pharmacies.

Les applications cliniques se sont multipliées partout, par les soins de praticiens et de savants de plus en plus nombreux. Citons quelques noms comme ils nous reviennent en mémoire :

A Londres : MM. Lennox Browne, de Méric, Morell Mackensie, le regrettable John Muray, Charles West, Erasmus Wilson, John Macpherson, Tilbury Fox, Edward Liveing ; — à Paris : MM. Edouard Fournié, C. James, Guibout, Caffe, Martin Damourette, Grange, Bazin, Gibert, Durand-Fardel, Le Bret, P. Labarthe, Wurtz, J. Lefort, feu Huguier ; — à Lyon : MM. Bouchacourt, Diday, Lacour, Rodet, Gubian, Rollet, Teissier, Pétrequin, Laboré, Chatin ; — à Turin : MM. Pacchiotti, Reymond, feu Trompeo et Timermans, Gibello et Milanesio à San Luigi, Tibone à la Clinique d'accouchement ; — à Toulouse : le modeste et regretté Dr Chambert ; — à Saint-Pétersbourg : le professeur Junge ; — à Genève : MM. Rilliet, Dufresne, Mayor, Binet, Silva ; — à Montpellier : MM. Bouisson, Combal, etc.

Enfin, avant de disposer sur le griffon même de la source une *buvette* commode et une salle d'*inhalation*, la Société a dû préluder par une fouille prudente au nouveau captage et à l'emmagasinage régulier de la source. Ce travail délicat s'achève en ce moment avec tout le succès qu'on avait droit d'attendre de l'expérience hors ligne de M. Jules François, et de la sollicitude attentive et journalière de MM. Boutan, ingénieur des mines à Chambéry, et Domenge, gérant de la Compagnie.

§ 2. — GÉOLOGIE

Ceux de nos lecteurs qui désireraient approfondir ce côté de la question, pourront se reporter à ce qui a été écrit dans :

Géologie des environs de Chambéry, par M. PILLET, (brochure imprimée par Puthod, et Mémoires de l'Académie de Savoie, t. viij), 1865.

Société géologique de France. — (Congrès à Chambéry en 1844.)

Géologie et minéralogie de la Savoie, par M. E. MORTILLET, 1858.

Rapports de la géologie avec l'hydrologie minérale de la Savoie, par M. CALLOUD, 1860. (Brochure in-8°, extrait de la *Nymphe des eaux.*)

Nous nous bornerons ici à reproduire la note qu'a bien voulu rédiger, sur notre prière, et spécialément en vue de cette publication, M. l'abbé Vallet, professeur de géologie de notre Ecole préparatoire à l'enseignement supérieur (1) :

Les travaux de recherches exécutés tout récemment à Challes, ont mis le sous-sol assez à découvert pour permettre de déterminer la composition minéralogique, la direction et l'inclinaison des couches d'où s'échappe l'eau sulfureuse.

---

(1) Ç'a été, hélas ! la dernière page de ce savant modeste, obligeant et aimé. Il avait étudié aussi les conditions géologiques de la Bauche. Le pays et la science ne regrettent pas moins que ses nombreux amis, sa mort prématurée survenue le 1er avril.

Le *facies* de la roche fait reconnaître, à première vue, un des de ces calcaires noirs fortement argileux, qui sont exploités, à différents niveaux, dans les Alpes de la Savoie et du Dauphiné, pour la fabrication des chaux hydrauliques et des ciments.

Il est évidemment compris dans l'épaisseur de nos terrains jurassiques; mais on peut se demander s'il en occupe la partie supérieure, comme celui de Montagnole, ou s'il doit être placé à un niveau géologique beaucoup plus bas, celui des argiles à ciment de Saint-Ismier et de Crolles dans la vallée de l'Isère, de Chanaz et de Virieu dans la vallée du Rhône. Cela revient à se demander si, dans le bassin de Chambéry, nous devrions rechercher son équivalent au pied des rochers de Lémenc à la Cassine, ou sur la croupe dans le vallon de la Clusaz.

Les observations que j'ai faites, il y a peu de jours, m'ont confirmé dans l'opinion que je m'étais formée antérieurement à cet égard.

Les marnes à ciment de Challes me paraissent inférieures à celles de Montagnole, dont elles seraient séparées, selon moi, par la grande assise des calcaires compactes de Lémenc, de même que les argiles à ciment de Saint-Ismier et de la porte Saint-Laurent à Grenoble sont séparées de celles de la Porte-de-France par toute l'épaisseur des calcaires compactes de la Bastille.

En effet, si nous suivons les bancs argileux de Challes, nous les voyons clairement s'enfoncer sous des bancs épais d'un calcaire compacte, qui reproduit, par tous ses caractères, celui des carrières de Lémenc. D'un autre côté, leur prolongement vers le sud nous conduit sur la rive droite de l'Isère, au pied des premiers gradins du massif de la grande Chartreuse, qui sont formés, depuis Bellecombe jusqu'à la Porte-de-France, par un prolongement parallèle de nos calcaires de Lémenc. Il est donc tout naturel d'assimiler nos calcaires argileux de Challes à ceux de Saint-Ismier.

L'analyse de ces derniers a fourni à M. Gueymard les principes constitutifs ci-après, qui sont tous représentés dans l'eau sulfureuse de Challes :

Silice	26
Alumine	8.5
Peroxyde de fer	7.5
Magnésie	1.5
Chaux, etc. (différ.)	56.5
	100 »

M. Lory signale en outre, dans ce même calcaire de Saint-Ismier, du *sulfure de fer* très-divisé, qui donne dans la chaux une proportion notable de *sulfate de chaux*.

Quant aux autres principes qui concourent, avec les précédents, à exalter l'action de cette eau sur l'économie animale, tels que le chlore, le brôme, l'iode, le potassium, le sodium, on pourrait peut-être expliquer leur présence dans l'eau de Challes, par la considération que ce dépôt argileux est un dépôt marin pouvant contenir, soit en amas, soit disséminés, des débris de cryptogames et de zoophytes qui sont, comme on le sait, la source principale de ces diverses substances dans les mers actuelles.

Peut-être encore y a-t-il ici une minéralisation en partie locale, comme à Gamarde près de Dax, et à Enghien, où l'eau, chargée de matières organiques provenant de la décomposition des organismes qui peuplent par myriades les étangs et les marécages, réagit sur les matières minérales sulfureuses contenues dans le sol environnant

Quoi qu'il en soit du mode de minéralisation, qui est encore un des mystères de la science, ce simple aperçu sur la composition minéralogique des calcaires argileux de Challes, et sur leurs affinités avec ceux de Saint-Ismier et de Chanaz, nous autorise à les considérer comme appartenant à l'étage *oxfordien moyen*, tandis que ceux de Montagnole sont généralement rapportés aujourd'hui à un niveau bien plus élevé.

Deux mots en terminant sur le développement latéral des couches qui affleurent à la source.

Du côté ouest, on les voit plonger, avec une forte inclinaison, et disparaître sous les dépôts détritiques du marais de Challes.

A l'est, elles sont masquées par des terres végétales et des éboulis. Si l'on veut suivre leur allure dans cette direction, il faut remonter vers Saint-Jeoire, et suivre le petit torrent de la Boisserette, qui coupe à angle droit la montagne de Curienne. A l'entrée du vallon, on les voit affleurer d'abord avec la même inclinaison vers l'ouest qu'à Challes, puis se recourber, et contourner, en plongeant à l'est, les bancs de calcaire compacte, qui présentent, à l'observateur qui longe la rive droite du torrent, un plissement des plus accusés et des plus remarquables. Bien qu'on ne puisse pas suivre les couches du calcaire argileux dans leur trajet souterrain, on peut se le figurer en les voyant affleurer de nouveau près du moulin, sous l'étang de la Boisserette, et reprendre l'inclinaison ouest qu'elles avaient à l'entrée du vallon.

Elles dessinent donc, par leurs inflexions un pli convexe et un pli concave, qui rappellent la figure d'un V majuscule un peu couché sur le flanc.

Il ne sera pas sans intérêt d'ajouter qu'il existe, au-dessous de l'étang du moulin, un suintement d'eau sulfureuse analogue à celle de Challes, et que la source sulfureuse du mont Charvay, au-dessus de Cruet, sort pareillement d'un paquet de calcaires argileux appartenant au même étage.

· Faut-il voir là trois dérivations d'un conduit souterrain commun ?

Je n'oserais l'affirmer. Ce que je constate, c'est qu'elles sourdent dans des roches similaires sous le double rapport de l'ancienneté et des éléments minéralogiques qui les constituent.

§ 3. — CONDITIONS PHYSIQUES ET CHIMIQUES ; SULFHYDROMÉTRIE ; DÉBIT ET CAPTAGE ANCIEN ; CONSERVATION ET TRANSPORT.

Le procès-verbal dressé par M. Calloud de la visite que fit la Société médicale à Challes, le 4 avril 1870,

répond à la plupart des questions posées en tête de ce paragraphe. Il servira de point de repère, et de terme de comparaison entre la première condition de la source de Challes et celle qui lui est assurée en ce moment. Nous ne saurions donc mieux faire que de reproduire ici ce document *in parte quâ*, renvoyant, pour sa teneur complète, au n° du 23 avril 1870 du *Courrier des Alpes:*

« La Société médicale de Chambéry, au nombre de dix de ses membres, s'était adjoint M. Perrin, ingénieur des mines du département, qui avait offert son gracieux concours pour les opérations de jaugeage ; et, munie d'autre part d'appareils spéciaux et de réactifs, elle a pris de nouvelles notes sur la sulfuration de l'eau dans ses divers aménagements.

« L'eau est reçue dans trois compartiments creusés à environ trois mètres au-dessous du sol : deux dans le roc même, avec revêtement en ciment des parois latérales, et le troisième, en forme de puits à parois nues, en dehors de la roche, dans le sous-sol. La *Grande source* est la plus riche en minéralisation sulfhydratée; c'est la seule consacrée, jusqu'ici, à l'usage médical et à l'exportation. Quoique bien inférieures à celle-ci, l'eau de la *Petite source* et celle du *Puits* feraient la fortune de plus d'une station.

« Le jaugeage de la source, dans ces trois divisions, a été opéré plusieurs fois, et avec des résultats sensiblement différents.

« Le tableau suivant résume les résultats des observations faites à diverses époques sur le débit et la sulfuration des différents captages :

SOURCES	DATES	température	DÉBIT par 24 heures	SULFU-RATION	PRODUIT (1)	AUTEURS	SOUFRE éliminé	ACIDE sulfhydrique représenté	SULFURE de SODIUM anhydre	SULFURE de SODIUM hydraté
Grande Source	1844 Août	»	»	200°	»	Dupasquier	»	0.24 90	0.5550	1.7500
	1855 Mars	»	»	180°	»	Pétrequin	0.2378	id.	id.	id.
	1858 Avril	»	»	180°	»	id.	id.			
	1861	10°	2.025 l.	70° 25	142.256	Lachat	»	»	»	»
	id.	9°	1.116 ·	167°	186.372	id.	»	»	»	»
	1863	9°	.556	126°	70.056	(2)	»	»	»	»
	1867 9 Nov.	13°	1.664	164°	272.896	Perrin	»	»	»	»
	1870 4 Avril	9°	2.972	64 (3)	190.208	Perrin et Calloud	0.0807	0.0850	0.2950	0.6000
	id. id. id.	9°	id.	152°	451.744	id.	0.1940	0.2030	0.4700	1.4420
	id. 9 id.	9°5	id.	100°	277.200	Calloud	0.1260	0.1340	0.2907	0.8587
	Moyennes (4)	10°	1666 (5)	120°	199.920		0.1334	0.1407	0.3519	0.9669
Petite Source	1861	9°5	785	55° 5	43.568	Lachat	»	»	»	»
	id.	9°	317	129°	40.893	id.	»	»	»	»
	1863	9°	271	12° 8	3.469	(2)	»	»	»	»
	1867 9 Nov.	12°	850	17° 4	14.790	Perrin	»	»	»	»
	1870 4 Avril	8°	1.080	10°	10.800	Perrin et Calloud	0.0100	0.0107	0.0240	0.0736
	id. 9 id.	8°	id.	6° 66	7.193	Calloud	0.0067	»	»	»
	id. id. id.	8°	id.	· 6°	6.480	id.	»	»	»	»
Puits	1863	»	2.569	71° 4	183.427	(2)	»	»	»	»
	1867 9 Nov.	13°	2.359	30° 8	72.657	Perrin	0.0353	0.0374	0.0820	0.2453
	1870 4 Avril	8°	2.185	28°	61.180	Perrin et Calloud	»	»	»	»
	id. 9 id.	8°	id.	0°	0.000	Calloud	»	»	»	»

(1) La colonne PRODUIT est le résultat de la multiplication du débit par la sulfuration ; dans l'hypothèse où la sulfuration serait en raison inverse du débit, ce produit devrait être constant.

(2) Expériences anonymes et douteuses.

(3) Les 64° ont été obtenus par l'eau arrivant au fond du bassin vidé, les 152° par l'eau puisée le matin avant de vider. L'eau qui émerge après le vidage titre moins et ne revient que graduellement à son titre normal à mesure que le bassin se remplit. Le débit est lui même moindre à mesure que le bassin se remplit.

(4) Ces moyennes se rapprochent sensiblement des observations faites par M. Calloud le 9 avril 1870.

(5) Le débit moyen équivaut à 608,000 litres par an : il varie entre un minimum de 203,000 litres et un maximum de 1,086,000 litres.

« On remarque, dans les notes fournies par M. Lachat, tant pour le jaugeage que pour la sulfuration de la *Grande* et de la *Petite Source*, des différences considérables, qui s'expliquent par la diversité des niveaux auxquels les deux opérations ont été pratiquées. En effet, la seconde fois, il a été opéré, dans les deux sources, à un niveau d'un mètre environ plus élevé que la première. La différence entre les deux jaugeages vient de ce que l'eau, en arrivant dans les réservoirs à une certaine élévation, influe par son poids sur les orifices d'émergence, et diminue ainsi le débit.

« Pour se rendre compte de la différence des résultats observés dans la sulfuration, il faut se représenter que l'alimentation des réservoirs se fait à travers les fissures et les parois perméables de la roche, ici et là, par des suintements et des filets d'eau minérale, dont la richesse sulfhydratée n'est pas égale, qui subissent une pression différente, et sont plus ou moins impressionnés par l'oxygène atmosphérique. Il n'y a pas à faire grand fonds sur l'état de sulfuration de l'Eau de Challes, essayée après l'évacuation totale des réservoirs. La bonne condition de l'eau dépend ici de son parfait repos et de l'absence d'aération.

« L'admission d'une infiltration d'eau étrangère, au lieu de contrarier cette proposition, viendrait la corroborer. La raison du fait serait déduite de la différence de densité entre l'eau minérale et l'eau étrangère. L'eau minérale pure occupera toujours finalement les couches inférieures et jusqu'à la limite de son niveau. Le docteur Domenget a interprété ce fait en agençant l'extraction de l'eau sulfureuse pour l'usage thérapeutique exclusivement des couches inférieures des réservoirs.

« Suivant le mode de combinaison du soufre dans les
eaux minérales sulfureuses, on en distingue trois variétés : 1° quand le soufre y figure sous la forme unique
de l'acide sulfhydrique, on l'appelle *sulfhydriquée* ; —
2° quand le soufre y est représenté à la fois par l'acide
sulfhydrique et par un sulfhydrate alcalin, on la dé-
nomme *sulfhydriquée-sulfhydratée* ; — 3° quand le soufre n'y existe que sous la forme de l'acide sulfhydrique
complétement neutralisé, c'est-à-dire à l'état unique d'un
sulfhydrate alcalin, c'est l'eau *mono-sulfhydratée*. Cette
dernière est la meilleure, la mieux dotée, la plus esti-
mée et la mieux supportée pour l'usage interne. C'est
la seule qui offre une conservation intégrale du soufre
minéralisateur, la seule enfin qui supporte indéfiniment
l'exportation après un parfait embouteillage. C'est la
condition de l'Eau de Challes, où le soufre est uniquement
et heureusement représenté, à l'état de sel neutre,
par l'acide sulfhydrique combiné à la soude ou oxyde
sodium, soit le *monosulfure de sodium* ou monosulfhy-
drate de soude.

« Le dosage du soufre, dans une eau sulfureuse, s'obtient très-simplement par la quantité d'iode qu'elle est
susceptible d'absorber. Notre tableau détermine la quantité d'iode absorbée dans nos différents essais, et consé-
quemment les quantités relatives de soufre en nature,
d'acide sulfhydrique, de sulfure de sodium anhydre et
hydraté, qui ont été obtenues.

« La solution d'iode employée aux essais sulfhydro-
métriques représentait exactement en poids : iode pur,
fondu, 10 ; alcool pur, rectifié à 100° centésimaux, 90.
Elle avait été préparée exprès peu d'heures avant les

opérations, et renfermée dans un verre bouché à l'émeri, soigneusement couvert de papier noir. L'essai de l'eau a été, chaque fois, précédé de sa désalcalinisation par le chlorure de barium.

« Notre tableau révèle, le 9 avril, une amélioration notable dans la sulfuration de la Grande-Source, depuis son essai du 4 avril après l'évacuation de son réservoir. Il indique, au contraire, une diminution de la sulfuration de la Petite-Source, et un résultat négatif pour le Puits. Ces faits indiquent : 1° pour là *Grande-Source*, que l'eau minérale pure n'avait pas encore atteint son niveau normal dans le réservoir, niveau qu'elle atteindra certainement après plusieurs jours de repos, après l'expulsion de l'air qui a envahi les cavités du réservoir lors de sa vidange, après enfin que l'eau étrangère infiltrée aura été complétement déplacée par la densité supérieure de l'eau minérale pure ; — 2° pour la *Petite-Source*, que l'eau minérale a été considérablement impressionnée par l'air confiné, et a subi d'autre part, après la vidange de son réservoir, un notable mélange d'eau étrangère, qu'elle déplacera aussi pour revenir, après un certain temps, à sa condition première ; — 3° pour le *Puits*, que l'eau sulfureuse y a été complétement dénaturée par de plus grandes infiltrations d'eau étrangère, infiltrations rendues inévitables par le défaut complet de captage de ce réservoir, placé, d'ailleurs, en dehors des conditions des précédents.

« Toutes ces variations tiennent donc à des circonstances accidentelles. Le docteur Domenget avait assuré à l'eau de Challes exportée un minimum de 150°. »

Bien que ces variations de titre tiennent presque exclusivement aux différences de niveau, bien que les *minima* de Challes soient encore cinq et six fois supérieurs aux *maxima* de Marlioz, de Montbrun et de Labassère, les plus sulfureuses connues après Challes, bien que l'eau ne fût mise en circulation que lorsqu'elle atteignait 150°, justifiant ainsi les formules laudatives des auteurs (1), cependant il n'était pas moins désirable, médicalement et industriellement, d'arriver, par l'amélioration du captage et de l'emmagasinage, à une moyenne constante et attribuable à la plus grande portion des filets minéraux : c'est ce vœu de la Société médicale que la Compagnie accomplit en ce moment.

Par leur saturation exceptionnelle, par leur basse température (10 à 12° centigrades) (2), par leur attitude

---

(1) « J'ai trouvé sur les lieux 180° au sulfhydromètre ; c'est le « plus haut degré de sulfuration que je connaisse. » (Pétrequin et Socquet : *Traité*, etc.)

« Challes... Vingt fois aussi riche en sulfure de sodium que « les Eaux les mieux partagées à cet égard. » (Gubler, p. xvij de son introduction au *Manuel* de Paul Labarthe ; Paris, 1873)

« Challes... Essence d'eau sulfureuse... Unique par l'étran- « geté de sa minéralisation, pour laquelle il faudrait créer une « catégorie à part. » (C. James : *Guide,* 1872.)

« Ce serait poser aux Allemands un problème insoluble, que « de leur demander les équivalents de certaines stations, comme « Vichy, *Challes*, Salie de Béarn. » (Pétrequin : *Etude comparée des Eaux minérales de France et d'Allemagne, in: Monde thermal. — Sept. et oct. 1873.)

(2) On sait que, parmi les Eaux minérales de composition similaire, il faut préférer, pour la consommation à distance, celles

mono-sulfhydratée, les Eaux de Challes sont le type des
eaux sulfureuses transportables.

Le docteur Bazin a dit : « Les eaux sulfureuses *froi-*
« *des* gardent plus facilement et plus longtemps que
« celles primitivement chaudes, leurs propriétés et leur
« composition chimique. » (Page 292.)

Aussi ne sommes-nous point surpris de lire dans la
Revista medico-quirurgica, publication bi-mensuelle de
l'Association médicale de Buenos-Ayres (8 décembre
1873), qu'un habile chimiste de cette capitale, M. Puig-
gari, a retrouvé 165° à l'Eau de Challes, à son arrivée
en Amérique, « degré qui correspond, après correction
« de la température et neutralisation préalable de son
« alcalinité par l'acide acétique, à 0,210137 de soufre,
« — 0,223176 de gaz sulfhydrique, — et 0,512209 de
« sulfure de sodium sec. »

Toutefois, si privilégiée que soit la combinaison du
soufre dans l'Eau de Challes, au point de vue de sa sta-
bilité, il est une cause d'altération à laquelle elle ne
saurait échapper. Autant elle est immuable et indéfiniment inaltérable par le transport, par les variations de
température, par la durée de l'embouteillage, *tant qu'elle
est soustraite à l'action de l'air,* autant il importe de la
protéger contre celle-ci, qui fait rapidement passer son

---

qui sont naturellement froides. M. Calloud, insistant sur cette
différence à propos des Eaux de Vichy, disait dans notre séance
du 4 mai dernier : « Sans doute, les unes et les autres varient
« peu quant à la base de leur minéralisation alcaline ; mais les
« thermales, perdant facilement leur gaz libre, acquièrent une
« saveur lixivielle, et perdent ainsi de leur digestibilité. »

monosulfure alcalin en polysulfure, par la fixation de l'oxygène (1). Et alors l'eau jaunit, puis se trouble en précipitant son soufre. C'est dans ce cas qu'elle acquiert une saveur et une odeur de plus en plus désagréables, et qu'elle perd sa remarquable digestibilité.

Et il ne suffit pas, pour prévenir cette décomposition, de reboucher soigneusement la bouteille entamée, de la coucher ou de la renverser, le goulot plongeant dans l'eau, comme on le pratique utilement pour les eaux gazeuses à acide carbonique libre : il faut que la quantité d'air en contact avec l'eau soit aussi minime que possible.

Aussi, doit-on recommander aux consommateurs de décanter la bouteille, dès qu'elle est ouverte, dans autant de topettes qu'elle contient de doses, de les emplir jusqu'au liége, et de les coucher à l'abri de la lumière. De leur côté, les pharmaciens et les dépositaires chez qui l'on boit cette eau *à verre*, feront bien d'imiter les pharmaciens d'Aix, et particulièrement M. Duverney, qui introduit dans le récipient de sa buvette une pression de gaz hydrogène chimiquement pur, et maintient l'eau minérale à une température très-basse : on la conserve ainsi limpide, incolore et presque inodore.

Malgré cette sulfuration si exceptionnelle, plusieurs

---

(1) Note de M. Calloud sur la condition de l'Eau de Challes, relativement à son emploi interne, lue à la Société le 20 mars 1870. — Voir aussi la communication, du 8 avril 1872, de feu Louis Martin, à l'Institut de France, sur « les modifications que « subissent les Eaux sulfureuses au contact d'un air limité, par « leur mélange et par leur refroidissement. »

auteurs sont encore plus frappés d'un autre caractère de cette même eau : l'alliance au soufre d'une notable proportion d'*iodure et de bromure alcalins*. MM. Pétrequin et Socquet l'ont classée parmi les *iodurées-bromurées*. Le docteur Bazin, qui rapproche Challes de Saxon et d'Allevard, MM. Gubler, P. Labarthe, C. James, etc., semblent incliner vers le même sentiment.

Au reste, ces sels nous offrent les mêmes variations de dosage que le soufre, leurs proportions réciproques restant naturellement constantes, mais le titre collectif de la minéralisation oscillant selon les accidents que le nouveau captage doit faire disparaître. Ainsi, la dose d'iodure de potassium va du minimum d'O. Henry (0,0099) à un maximum de 0,0138, affirmé par M. Bonjean ; — et celle du bromure de sodium va de 0,0100 à 0,1925.

L'analyse complète de l'Eau de Challes n'a été faite qu'une fois, et elle date de 1842. Dès lors, la chimie hydrominérale s'est enrichie de procédés plus délicats et plus précis ; l'analyse spectrale a été trouvée.

Il semble donc opportun d'opérer à nouveau. D'ailleurs, la refonte actuelle du captage et la demande probable d'un périmètre de protection vont y amener la Compagnie propriétaire. On peut toutefois prévoir que les données d'O. Henry n'auront pas à subir de modifications importantes, du moins dans le sens de leur réduction. Elles furent en effet obtenues avant le captage de 1855, qui améliora singulièrement les conditions de la source : de sorte qu'en face des nouveaux travaux d'isolement, on peut tenir les chiffres d'O. Henry pour des *minima*, ou du moins pour des moyennes définitivement acquises.

Nous les reproduisons ici à ce titre :

ANALYSE DES EAUX DE CHALLES, PAR OSSIAN HENRY.

—

(Extrait de son rapport à l'Académie de Médecine de Paris en 1842.)

—

Principes volatils.		
Azote	traces légères.	
Principes fixes.	grammes	
Chlorure de magnésium	0,0100	
Chlorure de sodium	0,0814	
Bromure de sodium évalué	0,0100	(Bonjean : 0,1925.)
Iodure de potassium évalué	0,0099	(Id. : 0,0138.)
Sulfure de sodium anhydre	0,2950	Sel cristal. 0,910 (1)
Carbonate de soudre anhydre . . .	0,1377	Idem . . . 0,342
Sulfate de soude anhydre . . . . . }	0,0730	Idem . . . 0,1620
Sulfate de chaux, peu . . . . }		
Silicate de soude	0,0410	
Carbonate de chaux	0,0430)	Tous les trois
Carbonate de magnésie	0,0300 }	primitivement à l'état
Carbonate de strontiane	0,0010)	de bicarbonates.
Phosphate d'alum. et de chaux . }	0,0580	
Silicate d'alumine ou de chaux . }		
Sulfures de fer et de manganèse	0,0015	
Glairine rudimentaire	0,0221	
(Matière organique azotée.)		
Soude libre		Sensible.
Perte	0,0325	
TOTAL . . .	0,855	

(1) La Grande-Source a donné à M. Calloud, en 1855 et en 1857, uniformément : sulfure de sodium anhydre, 0,5550 ; — cristallisé, 1,7500.

Labassère accuse 0,046 sulfure sec ; Marlioz, 0,067.

CHAPITRE II

Des effets physiologiques de l'Eau de Challes (1).

Dans le chapitre précédent, l'étude des propriétés chimiques de l'Eau de Challes a montré quelles sont les substances qui rendent cette source médicamenteuse. Parmi ces substances, il en est une qui lui imprime sa nature sulfureuse alcaline : c'est le sulfure de sodium. Ce sel est très-abondant ; l'analyse, comme on l'a vu, l'a constaté à la dose de 0,295 milligrammes par litre, et la source de Challes est classée comme l'eau minérale naturelle la plus sulfureuse. Au sulfure de sodium sont annexées d'autres substances, dont les unes, comme les sulfates, carbonates, phosphate et silicate de soude, chaux, magnésie, strontiane, chlorure de sodium et magnésium, ajoutent encore à l'alcalinité de cette Eau, et dont les autres, le bromure de sodium et l'iodure de potassium, lui donnent des qualités spéciales.

Pour rendre compte des effets physiologiques, il faut donc ne pas perdre de vue que toutes ces substances chimiques viennent se grouper sous quatre chefs, dont deux principaux et dominants : soufre et alcalin, et deux relativement secondaires : iode et brome. Ces quatre conditions se prêtent un appui efficace.

Le soufre, par son abondance, ne fait pas « taire les

---

(1) Ce chapitre a été rédigé par le docteur Dumaz.

« autres adjuvants », soit l'iode et le brome, ainsi que
l'écrit le docteur Bazin (p. xij des *Leçons*); mais comme
chacun agit proportionnellement à sa quantité, il en
résulte que le sulfure de sodium domine, et que les
effets physiologiques sont avant tout ceux que produisent le soufre et les alcalins.

§ 1ᵉʳ. — ACTION SUR L'APPAREIL DIGESTIF.

L'Eau de Challes n'est pas agréable à boire, et elle
l'est d'autant moins que sa température est plus élevée.
C. James a signalé la facilité avec laquelle on s'habitue
à sa légère amertume, et il fait remarquer que son
odeur est presque nulle au griffon. Après la part de l'o-
dorat et du goût, le premier effet qu'éprouvent assez
souvent les buveurs novices, ce sont des rapports d'œufs
couvis, dont le nombre varie suivant la quantité d'eau
qu'on a bue, et qui généralement disparaissent dès le
second jour.

Au bout d'un temps assez court, l'eau est digérée;
si l'on en boit pendant plusieurs jours, l'appétit est
augmenté.

Quelquefois les premières doses produisent un léger
effet purgatif, qui varie suivant la susceptibilité des
buveurs, et il survient ensuite de la constipation ; chez
certaines personnes celle-ci s'établit d'emblée.

Il est habituel que l'usage prolongé de l'Eau de Challes
fasse reparaître les hémorrhoïdes ; mais il n'est pas
fréquent qu'elle les fasse naître.

Comme on le voit, tous ces effets sur le tube digestif
sont dus à l'action du soufre.

Les alcalins employés seuls ont une action doucement excitante sur l'estomac et favorable à la digestion. Quoiqu'il soit difficile de faire ici la part qui revient au soufre et celle qui revient à l'alcalinité, il est probable que si cette Eau est si facilement supportée et digérée, cela tient en grande partie à l'attitude exclusivement alcaline de son principe minéralisateur.

D'autre part, l'iodure de potassium et le chlorure de magnésium et de sodium, par leur action propre d'excitants de la digestion, ajoutent encore à cet effet.

Dans une de nos séances, M. Calloud a fait ressortir la parfaite neutralisation du sulfure de sodium, qui constitue l'unique élément de sulfuration de l'Eau de Challes.

« Elle ne contient à la source aucune trace d'acide sulfhydrique en liberté ; aussi est-elle, à l'instant de son émergence, dépourvue de l'odeur caractéristique de l'acide sulfhydrique libre, ou hydrogène sulfuré, et elle ne laisse alors à l'impression du goût que l'amertume spéciale au monosulfure de sodium, soit sulfhydrate neutre de soude. Cette neutralité parfaite et stable du sulfure de sodium dans l'Eau de Challes est garantie, d'une part, par l'absence complète de tout élément décomposant, tel que l'oxygène, l'acide carbonique et l'acide silicique libres, et, de l'autre, par la présence heureuse d'un carbonate et silicate alcalin, carbonate et silicate neutre de soude. Cette excellente condition minérale contribue puissamment à la bonne conservation de l'Eau, ainsi qu'à sa facile digestion et à sa prompte absorption.

« Tenons compte aussi de la part supplémentaire de

la minéralisation de l'Eau de Challes en chlorure, bromure, iodure alcalin, et en cette matière organique
azotée dénommée *glairine*.

« La minéralisation des autres eaux sulfureuses est des
plus instables ; il n'en est presque pas qui n'aient en
tout ou en partie leur sulfuration à l'état de gaz acide
sulfhydrique libre.

« Dès lors, elles sont moins facilement supportées par
l'estomac, qui se trouve bientôt fatigué de la présence
de l'hydrogène sulfuré, et de là naissent des éructations
aussi pénibles que désagréables. »

§ 2. — ACTION SUR LA CIRCULATION.

L'usage de l'Eau de Challes amène, après quelques
jours, de l'accélération du pouls et un peu d'élévation de
la température du corps.

Cet effet, comme celui qui se produit sur le tube
digestif, est un effet d'excitation dû au soufre. Mais cette
excitation n'égale jamais celle qu'on obtient avec les
eaux sulfureuses chaudes, parce que celles-ci sont, par
leur chaleur même, de puissants excitateurs (1).

Cette action sur la circulation tient au soufre, et tient
aussi à l'alcalinité de l'Eau. Les alcalins, en effet, fluidifient le sang, l'alcalinisent, favorisent la combustion
organique des matériaux qu'il contient ; matériaux qui,
s'ils étaient incomplétement brûlés, se fixeraient dans

(1) Voir Bertier Francis : *Des Eaux minérales de la
Savoie*, page 22.

le corps sous forme de tophus et de gravier dans les maladies appelées gravelle et goutte. C'est cette activité donnée à la combustion qui élève la température.

L'Eau de Challes a donc un double avantage, puisque son soufre et ses principes alcalins produisent le même effet. Cet effet est encore plus évident sur l'appareil génito-urinaire.

§ 3. — ACTION SUR L'APPAREIL GÉNITO-URINAIRE.

Les modifications que subit l'excrétion urinaire tiennent en partie à l'accélération de la circulation ; mais elles reconnaissent surtout pour cause son alcalinité. En effet, l'analogie qu'elle présente avec l'Eau de Vichy, à ce point de vue, est frappante. Un litre de cette Eau pris par verrée, de deux heures en deux heures, fait perdre l'acidité à l'urine, et la rend bientôt après alcaline. M. Bonjean l'a expérimenté avec précision sur lui-même (1). La rapidité de cette manifestation dépend de la quantité absorbée. Les urines sont en outre plus claires, plus limpides et ne laissent point déposer de mucus. Si la quantité d'eau ingérée est abondante, les urines le deviennent également.

Si l'usage de l'Eau de Challes se prolonge plusieurs semaines, l'excitation déterminée sur la nutrition, la circulation, les fonctions du tube digestif, augmente plus sensiblement encore la combustion.

_____

(1) Voir *Recherches physiologiques*, page 7, et *Nouveau Recueil*, page 45 de la deuxième édition.

Nous en avons la preuve par un dépôt foncé rouge dans les urines, qui est dû à une plus grande quantité d'acide urique et d'urates. L'activité plus grande de la combustion se révèle aussi par une élévation de la température du corps, appréciable au thermomètre.

L'excitation porte encore sur l'appareil génital ; la menstruation est ordinairement augmentée, et parfois même avancée, sauf dans certains cas assez rares, où leur exagération tenait à la faiblesse ou atonie, et dans lesquels on observe au contraire l'éloignement des époques, parfois même, et durant tout le temps de la cure, leur suspension.

En résumé, les urines traduisent d'abord l'effet de l'alcalinité de l'Eau de Challes :

Sécrétion urinaire plus claire, plus abondante, et alcaline, par l'action diurétique des sels alcalins ;

Puis elles montrent le résultat de l'excitation générale en laissant déposer les produits de cette combustion organique.

§ 4. — ACTION SUR LA PEAU.

Suivant que l'on emploie l'Eau de Challes en boisson ou en bain, on obtient des effets différents.

L'usage interne produit, au bout d'un certain temps, une sudation plus abondante et plus facile. Le fait qu'en buvant de l'Eau de Challes, on sue plus facilément et en plus grande quantité, peut tenir à l'accélération de la circulation et à l'élimination de cette boisson par la sueur. Cette dernière supposition est appuyée sur ce que la sueur devient alcaline, et sur ce que le soufre s'élimine par la peau, de même qu'il s'élimine par l'urine, et, comme nous le dirons bientôt, par la respiration.

En s'éliminant par la surface du corps, le soufre produit des démangeaisons, quelquefois même de légères éruptions. *Il porte à la peau*, comme on dit vulgairement.

L'Eau de Challes, mise directement en contact avec la peau, y détermine une certaine excitation ; de là la rougeur qui se produit à la surface du corps, quand on sort d'un bain sulfureux.

Cette suractivité fonctionnelle est rendue plus évidente s'il existe des plaies ; celles-ci bourgeonnent et se cicatrisent plus rapidement.

De la même façon que le soufre dans l'intestin tue certains parasites, il tue aussi certains parasites de la peau. On verra, dans le troisième chapitre, quelles sont les applications qu'on en fait pour ce genre de maladies.

§ 5. — ACTION SUR LES SÉCRÉTIONS ET LES GLANDES.

On peut affirmer que toute accélération dans le fonctionnement de la peau a pour effet d'arrêter la circulation lymphatique, et partant de diminuer les engorgements lymphatiques. Seulement, il est aussi difficile de constater sur l'homme sain cette action, qu'il est difficile de connaître la modification produite par l'Eau de Challes sur les sécrétions salivaire, lactée, pituitaire, etc.— Les maladies muqueuses de la gorge, du nez,

du larynx, les engorgements ganglionnaires sont-ils
guéris parce que le soufre, l'iode surtout, ont une action
sur ces organes, ou bien parce que l'Eau de Challes,
en excitant les fonctions de l'organisme, ramène à un
fonctionnement normal les parties malades ? — C'est ce
qu'il est difficile de décider.

§ 6. — ACTION SUR L'APPAREIL RESPIRATOIRE.

L'haleine de ceux qui boivent de l'Eau de Challes
prend une odeur caractéristique ; car le soufre ne s'élimine pas seulement par la sueur et l'urine, mais encore
pas la respiration. Si l'on fait souffler ces personnes
dans une dissolution d'azotate d'argent, il se produit
un précipité noir de sulfure d'argent. En s'éliminant
par la muqueuse respiratoire, le soufre modifie la sécrétion bronchique, comme il modifie la sueur en sortant
par la peau ; on comprend ainsi les bons résultats qu'on
en a obtenus dans les catarrhes anciens.

Les personnes qui prennent de l'Eau de Challes
remarquent quelquefois au début un peu d'oppression ;
d'autres, au contraire, accusent une respiration plus
libre et plus facile.

§ 7. — ACTION SUR LE SYSTÈME NERVEUX.

L'excitation produite sur l'économie par l'Eau de
Challes se manifeste également sur le système nerveux ;
on peut la comparer à celle du café sur les personnes

non habituées. Prise en certaine quantité et pendant un certain temps, cette Eau amène de l'insomnie et même un léger degré d'excitation intellectuelle.

Certaines personnes ont des rêves pénibles, des réveils en sursaut ; d'autres éprouvent un mal de tête localisé au front. Chez quelques individus, au contraire, cette excitabilité n'existerait pas, et il y aurait de la lourdeur et de la somnolence.

Les divers effets des Eaux sulfureuses iodo-bromurées alcalines de Challes varient suivant la susceptibilité des individus. Il en est qui les éprouvent à un haut degré ; d'autres les supportent presque sans inconvénient. L'homme bien portant n'en ressentira parfois aucun malaise, tandis que le valétudinaire verra se réveiller des douleurs, et reparaître des maux qui avaient disparu.

Si la suractivité qu'elle développe dans l'organisme de l'individu en parfaite santé devient gênante, cette même suractivité est salutaire pour les tempéraments qui ont besoin d'être excités, et dont les fonctions languissent.

CHAPITRE TROISIÈME.

Applications thérapeutiques.

Nous avons suivi dans ce chapitre le même ordre qui avait été observé dans les discussions de la Société : non point qu'il soit l'expression rigoureuse d'un système nosologique, mais parce qu'il est mieux approprié à l'agent médicinal que nous étudions. Empruntant alternativement notre division aux divers appareils et aux diathèses, nous avons établi huit paragraphes : 1° affections scrofuleuses ; 2° maladies de la peau, soit dermatoses ; 3° affections syphilitiques et mercurialisation ; 4° maladies de l'appareil respiratoire ; 5° maladies de l'appareil digestif et annexes (foie, vessie, entozoaires) ; 6° goître ; 7° cancer ; 8° enfin, maladies diverses.

Chaque espèce pathologique a été l'objet d'un travail bibliographique attentif : après avoir exposé les faits consignés dans les annales de Challes et les opinions des observateurs, ainsi que les communications manuscrites reçues, les unes et les autres étaient soumises à la discussion, confrontées avec les résultats obtenus par nous pour en recevoir une confirmation nouvelle ou une infirmation.

Il ne nous arrivera pas souvent de narrer en détail des observations inédites; pour Challes, comme pour la plupart des eaux minérales, comme pour tous les remèdes, il y a eu une première période presque exclusivement d'expérimentation : depuis 1841 jusqu'à nous,

durant 30 années, les publications des faits se sont multipliées; puis est arrivée la période de critique et de
synthèse à laquelle correspond notre travail actuel.

§ 1er. — SCROFULES.

« Les principales eaux, » écrit le docteur Bazin (p. 282
de ses *Leçons sur les maladies chroniques*), « au point de
« vue de la cure de la scrofule, sont, sans contredit, si
« l'on ne considère que la composition chimique, les
« eaux de *Challes*, de Saxon, si remarquables par la
« quantité de bromure et d'iodure alcalins qu'elles
« contiennent. Leur activité contre les affections stru-
« meuses, déjà proclamée dans plusieurs publications
« encore assez rares faites sur ces eaux, n'est pas suffi-
« samment connue. Ces stations peuvent, en effet,
« donner à la fois l'agent spécifique de la maladie et le
« principe curateur de l'affection. Ce sont, par consé-
« quent, de toutes les stations sulfureuses, les seules
« dans lesquelles la médication complète puisse être
« faite. Nous croyons qu'elles conviennent dans tous les
« cas de scrofulide bénigne sans exception... »

Baumès avait déjà, dans son immortel *Traité des diathèses*, attribué à l'iodure, et secondairement à sa combinaison avec le soufre et le brome, l'efficacité de certaines eaux minérales contre la plupart des manifesta-
tions scrofuleuses; et il déclarait en finissant que « l'*Eau
« de Challes* est l'une des plus efficaces qu'il connaisse
« sous ce rapport. » — Le docteur Pétrequin, de son
côté, a écrit (p. 584 de son grand *Traité*) : « Les eaux

« minérales iodurées non chlorurées sodiques, qu'elles
« soient alcalines, comme Coise, ou sulfureuses, comme
« *Challes*, seraient également efficaces dans les caries et
« les ulcères scrofuleux ; sous ce rapport, les observa-
« tions se sont assez multipliées, *surtout pour Challes*...»
Et il ajoute : « Les sources de cette catégorie, ayant
« une action moins énergique, moins vivement stimu-
« lante que les chlorurées sodiques iodurées, auront par
« cela même le précieux avantage de ne point provo-
« quer une réaction trop marquée : elles seront surtout
« appropriées aux constitutions scrofuleuses où l'affai-
« blissement général n'est pas arrivé à un trop haut
« degré... »

Voilà l'indication magistralement posée par ces auteurs
classiques et non moins magistralement spécialisée.
C'est en effet surtout contre les diverses formes de la
scrofule que Challes a été employée et préconisée; nous
citerons, comme affirmation générale de son efficacité à
ce point de vue, la Commission médicale d'Aix (NOTICE,
p. 27), Herpin (DES EAUX MINÉRALES, etc.), le docteur
Vidal, d'Aix (ESSAI, etc., p. 128), le docteur Guilland
(HOSPICE D'AIX, et p. 82 du TROISIÈME RECUEIL). Tous
ceux qui ont écrit sur les eaux d'Aix sont unanimes à
recommander de les allier en pareil cas à celles de
Challes.

Le docteur Vidal (AIX EN 1867, p. 39) met en garde
contre l'excitation *thermale* qui se produit même chez
les natures scrofuleuses, tout en se louant de l'aide habituelle de Challes dans toutes les formes scrofuleuses ;
et le docteur Bertier fils (EAUX MINÉRALES DE SAVOIE) est
d'accord avec MM. Pétrequin et Vidal en affirmant que

l'on n'a pas à craindre de Challes une stimulation trop vive. « Elles n'accélèrent pas la circulation ; il l'a expé- « rimenté sur lui-même en se soumettant à leur usage « durant plusieurs jours... » Pour lui, les eaux sulfu- reuses, en boisson froide ou tiède, sont au contraire lé- gèrement sédatives.

Le docteur Besson, de Chambéry, qui a pu largement employer l'Eau de Challes dans ses services de mala- dies chroniques à notre asile de la Vieillesse, à la Suc- cursale et chez les invalides de la Charité, a constam- ment remarqué que c'est chez les sujets à fibre molle, chez les lymphatiques, chez les scrofuleux, et dans les cas où la diathèse strumeuse atteint sa plus haute ex- pression, que l'Eau de Challes offre les meilleures chances de bon et prompt résultat.

Laissant à dessein pour les considérer ailleurs cer- taines maladies plus ou moins voisines de la scrofule, telles que le *goître*, la *morve*, le *farcin*, et même les *scrofulides*, nous constatons d'abord que les observations publiées sont moins nombreuses qu'on n'aurait le droit de s'y attendre : c'est sans doute que leur vulgarité même a empêché de s'attacher beaucoup à leur repro- duction. Les plus remarquables peuvent être rangées sous les chefs suivants :

Tissus osseux et articulaires. — Le TROISIÈME RECUEIL nous donne (p. 56) l'observation de Claude Quénard par le docteur Rossi, médecin en chef de l'hôpital militaire de Chambéry :

Entré à l'hospice en novembre 1840, avec deux ulcérations fis- tuleuses au pied gauche, carie des deux derniers métatarsiens et des phalanges correspondantes, et œdème de tout le pied, ce soldat se refuse à l'ablation des os cariés, obtient son congé, et, traité exclusivement par les eaux de Challes, *intùs et extrà*, durant une année, il est devenu un des ouvriers les plus robustes et les plus laborieux de la commune de Chignin, ne gardant de sa si grave maladie qu'un peu de raccourcissement métatarso-phalangien.

Georges Calloud : scrofule héréditaire ; à la suite d'une contusion à la jambe gauche, carie du tibia ; refusé à l'Hôtel-Dieu de Chambéry comme incurable. Six mois d'emploi de Challes en boisson, lotions et compresses constantes, éliminent les esquilles et amènent une cicatrisation complète qui ne s'était pas démentie huit mois après. (Dr Sonjeon, 3e RECUEIL, p. 57.)

J. Guillot : scrofule fleurie ; séquestre du tibia extrait à l'Hôtel-Dieu de Lyon ; mais peu après de nouvelles caries se déclarent, et son état général fait craindre aux chirurgiens qu'il ne puisse supporter l'amputation. Le malade marche avec des béquilles et soutenant sa jambe au moyen d'une bretelle passée à son cou. Usage de Challes à haute dose, à la source et à l'hospice d'Aix, durant trois saisons. Guérison complète : il peut apprendre l'état de cordonnier et se marie. (Dr Guilland, 3e RECUEIL, p. 59.)

Le docteur Jarrin cite deux guérisons de tumeurs blanches qui avaient paru nécessiter l'amputation (*Ibidem*, p. 69). — En 1872, il a guéri M. L..., de Genève (tuméfaction du tibia, succédant à une nécrose avec extraction d'esquilles), en deux saisons à Challes et une à Salins. — En la même année, il a eu à traiter un enfant de dix ans : voussure du rachis, gonflement des 5e et 6e vertèbres dorsales, adénite inguinale, émaciation... Trente jours de traitement à Challes sous toutes formes d'application avaient amené une amélioration satisfaisante ; une seconde cure en 1873 a donné un succès encore plus marqué. — Le même praticien nous communique encore les deux faits suivants :

« Une jeune fille de Chambéry apporte une tumeur blanche de l'articulation huméro-cubitale droite ; carie et six ouvertures fistuleuses, datant de plus de 18 mois.

« Emaciation générale, douleurs, insomnie ; traitements variés par divers médecins. Je la soumets, au mois de décembre 1871, à l'usage de l'huile de foie de morue, sirop d'iodure de fer; amélioration au printemps, et commencement de l'usage exclusif de l'eau de Challes en boisson, bains et fomentations ; habitation à la campagne, à Challes, dans des conditions peu favorables de nourriture, vu la modicité des moyens de fortune. Le traitement a duré tout l'été ; les ulcères fistuleux se sont successivement cicatrisés, la tumeur a diminué de volume, la taille s'est développée avec les forces et de l'embonpoint. La cure n'a pu être renouvelée cette année, et quoique la menstruation ne se soit pas déclarée, la jeune fille grandit, se développe, travaille à la couture malgré l'ankilose de l'articulation réduite presque à son volume naturel, avec des cicatrices blanches bien consolidées, seuls restes de sa maladie qui l'a fait menacer par plusieurs médecins de la nécessité de l'amputation du bras.

« Un autre exemple de guérison de carie par les eaux de Challes, déjà ancien, mérite d'être cité. Je suis appelé au mois de février 1853, à Challes même, pour voir un jeune homme de 15 ans, dont les études avaient été interrompues par une tumeur développée à l'articulation tibio-tarsienne droite ; de la suppuration s'était formée dans l'articulation avec un trajet fistuleux traversant de part en part au-dessus des malléoles.

« Ce malade sortait de l'Hôtel-Dieu de Chambéry où le chirurgien ne lui avait laissé que la perspective d'une amputation à laquelle l'enfant et ses parents eurent l'heureuse chance de s'opposer. Je prescrivis l'usage des eaux de Challes alors encore peu usitées, *intrà* et *extrà*. Dans le cours du printemps, des tumeurs phlegmoneuses et des abcès sous-cutanés se développèrent sur différentes parties du corps; je ne pourrais dire si c'était sous l'influence de la diathèse scrofuleuse, ou sous celle des eaux de Challes ; il a fallu en ouvrir un bon nombre, mais le traitement fut continué pendant six mois. Au bout d'un mois le malade pouvait aller à la source à l'aide de béquilles qui furent bientôt délaissées, et, sans autre moyen curatif, le malade, qui par des revers de fortune, n'a pu continuer ses études, s'est développé, est devenu voiturier. Exposé à toutes les intempéries, sa santé s'est maintenue et il s'est fait robuste. »

Le docteur Binet, de Genève, cite de remarquables et nombreuses guérisons de nécroses, p. 676 de la BIBL. UNIV. (Lausanne, août 1873).

Ophthalmies scrofuleuses. — Le docteur Rigolfi, chirurgien-major à Chambéry, a cité un fait d'ophthalmie ulcéreuse avec albugo et cécité consécutive, chez un herpéto-scrofuleux, avec adénite, qui, par le seul emploi de Challes, a recouvré presque entièrement la vue. (TROISIÈME RECUEIL, p. 61.)

« Mlle... de Vienne (Isère) : 22 ans, lymphatique ; hydropisie de l'humeur vitrée de l'œil gauche, tuméfaction considérable de l'œil, éraillement de la sclérotique, strabisme, névralgie sus-orbitaire ; complication de fièvre intermittente. — Amélioration très-satisfaisante, en 1872, après le traitement (4 verrées d'eau par jour bien supportées). Cette malade avait été inutilement traitée pendant deux ans à Paris, pendant un an à Lyon par le Dr D. et pendant une quatrième année, dans sa ville natale, par le médecin de sa famille, qui manifesta sa surprise et sa satisfaction pour ce premier succès obtenu à Challes. — Une seconde cure en 1873 a presque achevé la guérison que 1874 complètera » (Dr Jarrin).

Adénopathies. — Carreau et ulcères (CONSIDÉRATIONS, p. 29) ; adénite cervicale (OBS. du docteur Campardon, p. 54 du TROISIÈME RECUEIL) ; engorgements strumeux chez plusieurs militaires (docteur Martinet, médecin-major au 79° de ligne, *in* DOCUMENTS, p. 22). — On lit encore, p. 15 de l'APERÇU, trois cas d'adénite cervicale, dans l'un desquels la guérison fut fort rapide. — Le docteur Jarrin a traité en 1872 M. B..., de Lyon : adénite sous-maxillaire suppurée, ulcères fistuleux. Cicatrisation et résolution presque complète en vingt-cinq jours de boisson (4 à 5 verrées très-bien supportées) et de fomentations.

Ulcères. — Le docteur Gotteland a décrit (p. 32 du NOUVEAU RECUEIL) un cas remarquable d'ulcères aux jambes. (P. Curtet guéri en un mois et demi.)

Les observations de cette sorte sont fréquentes et presque vulgaires.

Phthisies scrofuleuses. — Ce sont surtout celles-là qui ont fait la réputation de certaines eaux. Dans la phthisie, Challes agit alors à la façon de l'huile de foie de morue, ou mieux avec la double affinité des iodures pour la scrofule, et du soufre pour l'appareil respiratoire. Il y a appropriation diathésique et élection organique, et peut-être aussi mise en jeu de ces propriétés sédatives et altérantes à la fois, que nous affirmait tout à l'heure le docteur Bertier fils.

Le docteur Bazin a d'excellents avis là-dessus à son article de la *Scrofule viscérale* (p. 301-304).

Écoulements. — Un enfant de trois ans offrait une otorrhée purulente et fétide de l'oreille gauche. Malgré un lymphatisme accentué, quinze jours de bains généraux, douches locales et boisson, ont suffi au docteur Jarrin pour la guérison (11 à 29 juillet 1872).

Nous croyons inutile d'insister sur cet ordre de faits, et nous renvoyons au besoin aux articles relatifs des diverses publications que nous avons énumérées, pour les exemples d'otorrhées, leucorrhées, etc., soit purement lymphatiques, soit entretenues par un vice herpétique. Dans les unes comme dans les autres, on se trouve toujours bien d'allier le traitement local à la cure générale interne, en modifiant par les injections d'eau minérale la surface muqueuse dont la sécrétion est viciée.

Scrofulides. — « L'iode et le brome, écrit le docteur « Bazin (p. 118), sont des spécifiques de la scrofule ; le « soufre, outre son action dynamique excitante géné- « rale, a une action élective sur la peau ; c'est donc « dans les cas de scrofulides les plus rebelles que l'Eau « de Challes sera appelée à rendre les plus grands ser- « vices. » On verra dans le paragraphe suivant comment l'expérience confirme l'assertion si autorisée du professeur de Saint-Louis.

§ 2. — DERMATOSES.

Les auteurs modernes renonçant aux nosologies artificielles du dix-huitième siècle, basées sur le diagnostic décevant de la *forme*, ont à peu près généralement adopté une classification *diathésique*, et par là-même plus philosophique, puisqu'elle dérive des causes et achemine aux corollaires thérapeutiques. Mais la plupart des observations qui ont été recueillies sur l'Eau de

Challes dans les dermatoses ont été rédigées sous l'influence d'autres classifications. Nous n'avons pas cherché à les faire rentrer après coup dans les cadres nouveaux, nous nous sommes bornés à placer le paragraphe des dermatoses entre celui des scrofules auxquelles le relient les *scrofulides,* et celui consacré à la syphilis à laquelle nous conduisent les *syphilides.* Entre les premières et les secondes, viennent se ranger les herpétides proprement dites et les arthritides, variétés moins bien circonscrites. Au reste, toutes les classifications ont leurs avantages et leurs inconvénients. Et, quand on en vient à la pratique, bien que l'indication maîtresse appartienne à la diathèse, on ne laisse pas que de tenir certain compte de la forme aussi. Et puis, il faut remarquer qu'à Paris, faute d'une doctrine propre qui caractérise l'Ecole comme à Montpellier, chaque auteur attache un sens différent aux mêmes mots. C'est ainsi que l'idée attribuée par le docteur Bazin aux expressions : *affection* et *maladie, constitution, diathèse* et *cachexie,* n'est nullement celle qu'elles éveillaient ordinairement dans l'esprit, du moins avant les remarquables Leçons du savant professeur de Saint-Louis.

La quasi-spécificité du soufre contre les dermatoses indiquait spécialement les eaux de Challes dans les maladies de la peau ; et nous rencontrons à chaque page leur mention en de tels cas. Si bien qu'ici la difficulté est de se retrouver au milieu des faits, et d'arriver à préciser à quelles formes correspond plus spécialement l'indication, et quel mode d'administration est plus efficace.

Disons tout d'abord que, sous ce dernier rapport, la

lecture attentive des faits recueillis nous a confirmé dans l'opinion émise à l'une de nos séances par le docteur Dénarié : que ces eaux seraient surtout énergiques en *applications*. Sur une vingtaine d'observations détaillées, la guérison a été due quatorze fois à l'emploi externe combiné avec la boisson ; les auteurs paraissent attribuer l'effet plus rapide aux applications ; et dans un *acné rubrum* (on sait l'opiniâtreté de cette forme) cité par le docteur Chevallay, l'amélioration fort peu sensible durant l'usage restreint à la boisson, devint rapide dès qu'on y joignit les lotions (NOUVEAU RECUEIL, p. 15).

C. James a insisté sur l'efficacité des *compresses* imbibées d'eau de Challes (GUIDE, 1872, p. 170-172), et le docteur Bazin recommande surtout l'*usage extérieur* des sulfureux (p. 384).

« Sans admettre cette exagération sentencieuse du docteur Pidoux, « que les eaux sulfureuses sont toujours « les maîtresses eaux dans les dermatoses » (Rapport à l'Académie 1863), le docteur Brachet croit à la spécificité des eaux de Challes dans toutes les maladies de la peau qui ne présentent pas un travail phlegmasique dans le tissu cutané, comme dans l'ecthyma ou l'acné. »

« Le soufre a une action élective sur la peau, mais cette action varie chez tous les individus soumis à l'eau de Challes. Néanmoins je crois, d'après mes observations, qu'elles sont au premier rang de la thérapeutique, par leur action tonique *locale*, dans les affections de la peau, quand la modalité pathologique est plus *atonique* qu'inflammatoire.

« Elles produisent d'abord une action irritante ou excitante, action modificatrice ; — puis une action de résolution, qui est la cicatrisation ou la guérison.

« Il m'est arrivé bien des fois dans les affections dartreuses chroniques d'obtenir le premier résultat par les eaux d'Aix, et de n'arriver au second que par l'adjuvant de Challes. Je ne citerai pas des cas de guérisons d'enfants atteints de *gommes*, *d'impétigo*, *d'eczéma humide*, *de psoriasis simple*, par l'eau de Challes : cette médication de l'enfance est devenue par ces heureux résultats aussi classique à Aix qu'à Chambéry, surtout quand il y a un principe *lymphatique* ou *cachectique*.

« *Impétigo de la face*. — Mlle X..., de Lyon, âgée de 19 ans, d'une nature lymphatique, bien réglée, d'une bonne constitution, présentait, à son arrivée à Aix, en 1867, un impétigo de la face et du front qui datait de trois années. Vainement cette jeune fille avait employé traitement général et local.

« Je la soumis de suite au traitement balnéaire simple (bains et piscines), puis à quelques pulvérisations sur l'impétigo. Après une quinzaine de jours, j'avais obtenu une modification telle que ma malade se croyait guérie. Ce premier résultat obtenu, nous ne fîmes plus aucune progression par l'eau d'Aix.

« Je recourus alors aux lotions avec l'eau de Challes. Après deux mois de ce simple lavage répété cinq ou six fois par jour, et d'une médication interne stimulante et tonique, Mlle X... se trouva complétement guérie.

« *Eczéma de la face*, à la deuxième période. — M. X., Espagnol, âgé de 25 ans, fut envoyé l'été dernier à nos eaux pour un eczéma chronique de la face, qui avait débuté depuis 18 mois par le menton, et avait envahi les deux joues. Cette affection était pour mon patient, doué de toutes les conditions de bonheur, une source de désespoir des plus amères. Il avait, lui aussi, épuisé tout l'arsenal de la thérapeutique antiherpétique. De concert avec mon collègue le Dr Duparc, je lui conseillai pour la nuit des badigeonnages à la glycérine afin d'éviter le prurit, et le jour des compresses imbibées d'eau de Challes, puis des bains d'Aix comme modificateur de l'état général. Après un mois, nous obtînmes la première période d'excitation ou modificatrice. Rentré chez lui, dépouillé de ses croûtes, le malade, heureux de ce demi-succès, continua ses lotions durant trois mois, après lesquels il m'écrivait être complétement guéri.

« J'ai également obtenu par l'eau de Challes deux guérisons de *lichen invétéré* de la main et de l'avant-bras.

« En 1866, un étudiant en médecine de mes amis et clients vint passer deux mois à Aix : — 23 ans, pas d'antécédents spécifiques ; tempérament lymphatique , d'une susceptibilité nerveuse et anémique telle qu'il ne pouvait supporter un simple bain d'Aix à 28°, sans prendre une défaillance suivie d'une surexcitation comme s'il avait pris plusieurs tasses de café. Il présentait sur le pariétal gauche des lamelles furfuracées et les auréoles cuivrées du psoriasis. La démangeaison était peu intense (signe pathologique de l'atonie); le cercle envahi était de la largeur de deux pièces de cinq francs. Quelques rares cheveux avaient résisté à l'affection qui datait de 18 mois sans cause explicable. La médication thermale ne me paraissant pas indiquée, je conseillai à mon ami l'aération, les longues promenades, l'eau de Challes en boisson (400 grammes par jour), et en lotions cinq ou six fois par jour. Le malade partit après un mois de traitement, bien modifié. Les taches rouges avaient pris une teinte plus claire. Il continua avec persévérance son traitement chez lui, et quand je le revis plus tard, non-seulement il était guéri du psoriasis, mais de nombreux cheveux dont les bulbes n'avaient pas été ulcérés, recouvraient les espaces affectés.

« Depuis lors, je conseillai les lotions de Challes à plusieurs de mes malades atteints d'alopécie, à la suite d'affections pellagreuses, scrofuleuses, dartreuses, présentant comme type un état cachectique spécial. J'en ai obtenu de très-bons succès chaque fois que les affections n'étaient pas assez anciennes pour avoir détruit le bulbe pileux.

« J'ai pour le moment trois de mes clientes qui ne manquent jamais chaque matin de lotionner le cuir chevelu avec de l'eau de Challes, heureuses du succès qu'elles ont obtenu par ce procédé.

« En somme, depuis huit années que j'emploie l'eau de Challes comme le meilleur adjuvant de nos eaux d'Aix, j'ai pu conclure que : *localement* elles produisent un premier degré de

4

guérison qui s'arrête souvent ; mais il faut se défier de cette suspension, persévérer, et l'on arrive alors à un résultat complet, pourvu toutefois qu'il n'y ait aucun caractère inflammatoire ; pour ma part je n'en ai jamais retiré aucun effet heureux dans les diverses espèces d'acné.

« Elles doivent d'ailleurs répondre thérapeutiquement à leurs principes chimiques. Comme bromo-iodurées, spécifiques des scrofulides et des syphilides ; comme les plus sulfureuses et de plus riches en glairine, elles ont une action des plus heureuses contre l'herpétisme. »

Les observations les plus détaillées que nous offrent les écrits publiés sont celles du docteur Chevallay : 1° une *teigne faveuse* rebelle guérie en un mois; 2° l'*acné rubrum* déjà cité ; 3° un *impétigo* rebelle aux eaux d'Aix ; 4° une *mentagre* syphilitique (voir pour ces quatre observations : NOUVEAU RECUEIL, p. 13 à 18); 5° la *lépreuse de la Motte* (TROISIÈME RECUEIL, p. 62), affection fort grave qui, sans être la lèpre classique, ne laissait pas que de la rappeler par sa forme ulcéreuse profonde, avec déformation et hypertrophie des membres et des articulations, chute des ongles et même d'un doigt, altérations osseuses.

Citons encore (OBS. C. Curtet) un *ulcère herpétique* aux jambes guéri par le docteur Gotteland en deux mois et demi, lorsqu'il était tenu pour incurable; parmi les observations du docteur Levrat-Perroton, un *eczéma aigu* sur lequel l'eau — mitigée d'abord — agit comme antiphlogistique ; un *herpès syphilitique*, et encore un exemple de cette même affection par le docteur Devechi.

Le docteur Carret a fourni quatre faits frappants par le résultat obtenu : l'un d'eux paraît avoir trait à une *urticaria evanida* ; les autres seraient l'*impétigo*, le *pity-*

riasis et une *gale pustuleuse*. (Nouv. Rec., 1865, p. 27.)

Le docteur Domenget mentionne deux *éléphantiasis* notablement améliorés en un mois ; le docteur Vidal, un *psoriasis*, dans lequel « 160 verrées de Challes furent « données, de concert avec le traitement thermal d'Aix « et suivies d'un succès complet, en deux mois. »

Dans la moitié de ces observations, la guérison ne s'est pas fait attendre plus d'un mois ; dans les autres, elle a été obtenue en deux ou trois au plus.

Il en ressort que Challes s'est montrée également efficace dans les eczémas légers et dans les dermatoses profondes, avec altération des tissus sous-cutanés et même des os, et que l'état inflammatoire n'aurait pas été une contre-indication aussi formelle que le pense le docteur Brachet.

Quant aux opinions générales émises à ce sujet, nous voyons que l'efficacité de ces Eaux a été affirmée par Baumès, par Gibert, par le docteur Martinet, par le docteur Rey fils (Aperçu, 10). Plusieurs cultivateurs et un jeune soldat ont été guéris de la gale en huit jours au plus par deux bouteilles, l'une en boisson, l'autre en lotions.

C. Despine la déclare plus particulièrement avantageuse dans les *formes impétigineuses* et *squameuses*, et la mentionne aussi dans la *lèpre vulgaire*, l'*icthyose* et l'*éléphantiasis*.

Le docteur Domenget lui-même, et avec une prudence d'autant plus méritoire sous sa plume enthousiaste, a pris soin de rappeler (p. 65 du Nouveau Recueil) avec « quelle circonspection on doit toucher aux « vieux ulcères, aux fluxions dartreuses invétérées....

« Il insiste alors pour que l'on attaque d'abord la dia-
« thèse par l'usage interne de Challes. »

Effrayé quelquefois par la rapidité de la disparition,
il n'en a cependant pas vu résulter de métastase (APERÇU
p. 13).— Voir, LYON MÉDICAL, 1873, p. 332, un *psoriasis*
alternant avec une gastralgie narré par le docteur Dron.

Pétrequin écrit (TRAITÉ, p. 585) : « Nous avons aussi
« fait usage, assez fréquemment, de l'Eau de Challes dans
« les affections dartreuses à forme eczémateuse, et nous
« en avons constamment retiré de notables avantages. »

Les douleurs, suites de *varices* dans l'*eczéma vari-
queux*, ont été soulagées (APERÇU, p. 14).

Voici quelques notes extraites de la saison de 1873
du docteur Jarrin :

M. P..., du Touvet (Isère) : eczéma aux jambes ; un mois de
boisson et de bains ; guérison.

Mme G..., de Paris : acné ; consultation du Dr Rigodin, arrivée
le 12 juin 1873. Complication de désordres fonctionnels de la
digestion, constipation. — Traitement : bains généraux, tièdes,
avec addition de 10 litres d'eau de Challes ; boissons progressivement portées à quatre verrées par jour, additionnées parfois
de sulfate de soude à dose légèrement purgative. Guérison le 10
juillet.

Mme X... de Grenoble : herpès à la paume de la main, épipho-
ra à l'œil gauche, blépharite chronique. — Grands bains avec
addition de 10 à 15 litres d'eau minérale, douches pulvérisées :
amélioration considérable la première saison ; guérison la saison suivante (1873).

Mme D..., de Paris : gutta rosea à la face, avec acnés turbercu-
leux au nombre de 4 ou 5 sur la joue gauche. — Une cure sans
succès à Salins (Jura) ; deux cures à Luchon ; complications
intestinales, diarrhées. — Traitement mitigé, commencé le 10
juillet ; partie guérie le 4 août (1873).

Nous aurons complété cet aperçu si nous rapprochons de ces divers faits de médecine humaine, un passage très-significatif de M. Ughetti, vétérinaire.

« Les bienfaits de l'eau de Challes se manifestent chez le cheval surtout à la peau. Elle devient souple, onctueuse, et le poil doux, luisant. Chez le chien, le poil tombé par les ulcérations herpétiques reparaît tout aussi beau. » (Ughetti p. 49 des CONSIDÉRATIONS. — Suit une observation d'*herpes decalvans* guéri en un mois.)

§ 3. — SYPHILIS.

Le programme du Congrès médical de France (quatrième session tenue à Lyon en septembre 1872) portait dans sa sixième question ces mots :

« Etablir, par des faits précis, quel genre de secours « la médecine peut espérer de l'emploi des eaux miné- « rales, et *notamment des eaux sulfureuses*, dans le trai- « tement de telles ou telles formes de syphilis ? »

Les réponses adressées à cette question sont contenues dans les pages 390 à 463 des actes du Congrès (Lyon, chez Vingtrinier, 1873, et Paris, A. Delahaye) (1). Nous avons essayé nous-mêmes d'y résumer notre opinion et celle de nos confrères de la Société médicale des bains d'Aix, dans une note dont l'ordre nous servira à classer les matières de ce paragraphe.

_____

(1) Elles peuvent être tenues pour le résumé de l'état actuel de la science en ce point si controversé.

1° *Pierre de touche*. — Le docteur de Méric a dit :
« Je crois fermement à la puissance excitatrice du sou-
« fre pour porter vers la peau des germes cachés de
« syphilis. » Il contemplait surtout les Eaux d'Aix-la-
Chapelle.

Le docteur Gubian a apporté des observations relatives aux *examens de conscience* faits à la Motte. Recueillies
cinq, dix, quinze ans après la cure, ces observations ont
par là une portée particulière.

Les auteurs les plus réservés, Ricord, Yvaren, Durand-
Fardel, Bazin (p. 417), ne laissent pas que de recommander ce critérium de vérification. Revendiquée justement
en faveur de la plupart des eaux minérales existantes,
que doit-on penser de la faculté révélatrice dans les
Eaux de Challes ?

Si nous analysons les faits apportés par les praticiens,
ils tendront à donner, comme indice révélateur, la
réapparition des douleurs nocturnes et les éruptions
caractéristiques : deux ordres de phénomènes attribua-
bles à l'excitation générale et à son aboutissant électif
sur la peau. Et ce nous sera un motif pour attribuer
plus spécialement aux eaux thermales cette vertu.

L'iodure de potassium étant le spécifique des douleurs nocturnes, les eaux qui en contiennent des quantités appréciables seront naturellement moins aptes que
les autres à les ramener.

Toutefois, un certain nombre de faits établissent que
Challes provoque souvent des éruptions révélatrices, et
les traités généraux en font foi, aussi bien que les mo-
nographies. Seulement, au lieu de donner lieu presque
immédiatement aux douleurs nocturnes et à l'insomnie,

elles amèneront, quelques jours après le début de la cure, ou plutôt vers la saturation, de nouvelles poussées vers la peau et les orifices des muqueuses, ou bien elles exaspèreront les dermatoses suspectes en cours.

Mais, somme toute, Challes sera plus médicateur encore que révélateur.

2° *Facilitation du traitement mercuriel.* — Administrés conjointement avec les boissons sulfureuses, les sels mercuriels passent plus rapidement dans le torrent circulatoire. En outre, la cure sulfureuse pousse à la peau des mouvements qui, sans elle, se porteraient sur les muqueuses et les glandes, et la salivation est ainsi prévenue de deux façons. (Voir notre NOTE AU CONGRÈS DE LYON, p. 450.)

3° *Cachexie mercurielle.* — On prévoit, d'après ce que nous venons d'écrire, l'avantage qu'offrira dans les cachexies mercurielles une eau dont les principes se combinent chimiquement avec le mercure, vont le chercher dans les tissus où il s'est immobilisé, pour le convertir en sels solubles, le reverser dans le torrent de la circulation, et l'éliminer par toutes les voies de sécrétion. Comme nous le rappelait, dans une de nos séances, M. Calloud : « L'hyposulfite de soude dissout très-facilement les oxydes de mercure, d'argent et d'or, et même le chlorure d'argent. L'Eau de Challes, si riche en sulfure de sodium neutre, qui se transforme durant son absorption physiologique en hyposulfite de soude, devra entraîner l'oxyde de mercure immobilisé dans l'économie après un traitement mercuriel prolongé. »

Ce sont les conclusions de la thèse du docteur Blanc, citées et acceptées par le docteur Bazin (p. 417 de ses *Leçons*).

« Les sulfureux introduits dans l'économie ne forment pas avec le mercure des composés insolubles : ils fluidifient au contraire les sels organiques de mercure (albuminates) accumulés dans la trame de nos organes ; et ces composés devenus solubles sous l'influence du soufre, sont remis en circulation et éliminés en plus plus grande quantité par les sécrétions. »

Cet ordre de faits a donné lieu à de nombreuses observations. L'une des plus remarquables est consignée à la page 272 du Conseiller du Baigneur, par le docteur Forestier.

Le Nouveau Recueil cite la guérison d'une stomatite hydrargirique par le docteur Veyrat (p. 41-42).

Le docteur Bertier père en rapporte quelques-unes, p. 14 d'Aix en 1856, et le docteur Bertherand, p. 10 et 12 des Nouvelles Études.

Enfin, on trouve l'avis favorable de la Commission médicale d'Aix et du docteur Faure, de Grenoble, aux pages 47 et 50 du Troisième Recueil. — Voir encore : Nouveau Recueil, p. 41.

4° *Challes adjuvant des spécifiques.* — La syphilis ne s'éternise guère chez les sujets exempts d'autre diathèse et doués d'une constitution normale. Ceux-là guérissent vite et parfois sans remède, ou avec n'importe lesquels. Ce qui fait les syphilis rebelles, c'est la complication de la diathèse lymphatique, herpétique ou anémique. Est-il besoin de dire que, dans les deux premières, une eau sulfureuse-iodurée est presque le complément nécessaire du traitement et la condition de son efficacité ?

Ajoutons, avec le docteur Blanc (d'Aix) et le docteur Bazin (p. 415), que l'iodure de potassium peut redissoudre les albuminates de mercure insolubles que ce métal a formés dans le torrent circulatoire, et les ramener ainsi à l'état actif.

5° Nous arrivons à la question la plus controversée : Les *eaux minérales sont-elles un spécifique contre la syphilis ?* Nous répondrons comme à Lyon :

a) Il n'y a pas d'antisyphilitique, vrai spécifique, à la façon du quina par exemple. — *b*) Toutefois, le mercure n'a pas d'équivalent en efficacité dans la période secondaire, et l'iodure de potassium n'en a presque pas dans la tertiaire. — *c*) Les accidents tertiaires étant moins *sui generis* que les autres, plus contingents et plus variables, se confondent avec les cachexies et les diathèses presque nécessaires à leur évolution ; ils leur empruntent leur thérapeutique antiscrofuleuse, antiherpétique, etc. En outre, certaines eaux minérales, telles que Challes, peuvent alors agir en vertu de l'iodure de potassium, si légère qu'en soit la dose : elles achèvent et terminent la guérison des symptômes secondaires ; elles déterminent un nouveau recul des tertiaires, et rendent des services exceptionnels dans les cas où l'iodure des pharmacies n'était plus toléré, ou avait cessé de donner des signes de son action.

Ici, comme on le voit, nous nous séparons du docteur Bazin, qui paraît n'accepter l'efficacité de l'iodure de potassium que lorsque son administration succède à

celle du mercure (v. p. 414), et nous partageons l'opinion du docteur Blanc (d'Aix).

On a objecté le dosage presque homéopathique de l'iodure de potassium... Il est vrai que Challes n'en contient
que 0,005 par litre ; mais il est vrai aussi que les eaux
minérales naturelles iodurées, outre la fonte de goîtres
volumineux et l'identité d'effets physiologiques sur les
urines, le tube digestif et la peau, ont parfois amené le
vertige et la cachexie iodiques. (Pétrequin : TRAITÉ...
577.)

Maintenant, une eau telle que Challes agit-elle en
pareil cas par l'iodure ? M. Calloud a fait remarquer que
certaines eaux non iodurées paraissent parfois donner des
résultats égaux ou même supérieurs, tandis que d'autres
plus iodurées ne les amènent pas. Et il en a pris texte
justement pour ramener à cette vérité contre laquelle
s'irrite l'esprit d'analyse et de scepticisme de la généra-
tion actuelle : que les eaux minérales naturelles, tout
en empruntant à chacun de leurs innombrables éléments
quelque chose de leur action particulière, forment un
composé nouveau, une unité thérapeutique possédant
une activité spéciale, sans rapports quantitatifs avec
celle de leurs composants.

Et puis ne se peut-il faire qu'en face des éléments
qui lui sont associés dans la composition de l'eau minérale, l'iodure de potassium acquierre un degré particulier
d'activité, et soit pour ainsi dire élevé par ce coefficient
à une plus haute puissance ? — Et ne se produirait-il
point là ce que les docteurs D.-M. Sweeny et sir James
Paget viennent d'établir de l'emploi combiné de l'iodure de potassium et du carbonate d'ammoniaque, où

la présence de ce dernier double l'effet du premier et force à réduire ses doses de moitié ? (V. BRITISH MED. JOURNAL, 10 janv. 1874.)

A propos du *traitement de la syphilis par les Eaux de Challes seules*, le docteur Vidal écrit :

« Aujourd'hui, des médecins éminents, à l'exemple des anciens, ont entrepris le traitement de la syphilis sans les spécifiques ordinaires... En face des doses considérables d'iodure de potassium, etc., que cette Eau contient, la guérison de certaines formes de la syphilis plus ou moins bénigne, ne devra pas nous surprendre. Pour mon compte, je dois dire que dans la blennorrhagie chronique et dans la leucorrhée d'origine même vénérienne, j'ai obtenu des résultats remarquables. » (EAUX D'AIX DANS LA SYPHILIS, Chambéry, 1856, — p. 31.)

Quelle part attribuer ici au *sulfure de sodium ?*

On sait qu'il se transforme immédiatement en hyposulfite de soude et qu'il se retrouve presque en totalité dans les urines. Faut-il conclure de cette rapide élimination à son inactivité ? Gubler répondra en modifiant savamment le vieil adage : « *Corpora non agunt nisi* « *secreta.*— Dans le sang, l'albumine enrobe le médica- « ment ; celui-ci ne devient actif qu'au moment où, « éliminé, il va par affinité se fixer momentanément « dans les tissus contenant des principes semblables ou « analogues. »

Aussi, MM. Pétrequin et Socquet reconnaissent-ils aux eaux iodurées et sulfureuses, telles que Challes, la même puissance curative qu'à l'iodure de potassium, *sans qu'il soit nécessaire de leur adjoindre le mercure.* (Gubian, Congrès de Lyon, p. 443.)

C'est ici le cas de rappeler la cure remarquable rapportée par le docteur Forestier (Conseiller, p. 261); celles mentionnées par le docteur Martinet dans ses salles militaires (Documents, p. 22), et celle annoncée par le docteur Domenget (Courrier de Savoie, nov. 1865), que nous allons exposer ici en détail d'après nos notes :

Le prince B..., de Saint-Pétersbourg, 27 ans, tempérament lymphatique, élancé, excès vénériens, eut à 22 ans le chancre initial, et conserve une goutte militaire d'une blennorrhagie contractée un an auparavant Il a vu, dès l'infection, apparaître des ulcérations à la verge et à la gorge, l'érythème cuivré du palais, des douleurs nocturnes aux jambes .. L'hiver de 1863-64 s'est passé à Montpellier, sous la direction du docteur Bouisson : le traitement antisyphilitique, commencé par les pilules de Ricord, continué par 3 grammes de protoiodure de mercure en pilules, s'est terminé par l'iodure de potassium, l'huile de morue, le quina, le citrate de fer, le lait d'ânesse... Passant au printemps à Florence, il y a pris l'hyposulfite de chaux. Il m'arrive à Aix le 28 juillet 1864, présumé guéri de sa syphilis, et envoyé pour opposer le traitement sulfureux à des craintes assez fondées du côté de la poitrine. Il y a en effet un habitus menaçant, des sueurs nocturnes, suffusion des pommettes, murmure respiratoire faible, mais pas de craquements humides ; la poitrine porte encore un cautère ; il a craché du sang. (Marlioz en inhalation et boisson, lait d'ânesse, douches sulfureuses sur les pieds, régime analeptique). Vers la fin d'août, il part pour l'Italie et passe un bon hiver à Palerme. Le 13 août 1865, il me revient, les voies respiratoires en bon état, mais avec un ecthyma syphilitique abondant et une ulcération à la narine gauche. (Bains sulfureux ; Challes, *intùs* et *extrà* et en reniflements). L'ulcère nasal est cicatrisé en dix jours ; les pustules ecthymateuses persistent, quoique légèrement améliorées.

Le 1er septembre, nous remarquons une pustule jaunâtre, à noyau dur, à la face dorsale de la phalangette de l'index droit.

Cela ressemble assez à une pustule maligne, et le malade en a la persuasion. (Ammoniaque.) Le lendemain, il y a extension du noyau gangréneux avec douleurs fulgurantes et traînée rougeâtre le long du doigt, de la main et jusqu'au plexus axillaire, fièvre post-méridienne légère. (Incision et cautérisation avec le beurre d'antimoine et camphre en pansement, vin de Bugeaud, opium gommeux 10 centigrammes par soir.) L'état général s'améliore dès le 9, sous l'influence des préparations de quina. Mes honorés confrères Brachet et Dardel, dont j'ai désiré avoir l'avis, croient devoir, ainsi que moi, attribuer l'accident digital au phagédénisme syphilitique, et le Dr Bouisson, consulté par nous, partage notre avis.

La fin de septembre et tout octobre sont remplis exclusivement par un traitement régulier avec l'eau de Challes commencé à Aix et continué près de la source, indépendamment de l'eau de La Bauche aux repas. Le doigt est cicatrisé vers le 14 octobre, et l'articulation a repris assez de mobilité pour permettre d'écrire. Mais le tibia offre une exostose ulcérée fort douloureuse. (Pansement au cyanure de potassium, continuation du même traitement interne.) Vers la fin de décembre, le malade se rend à San Remo; il y continue l'eau de Challes durant tout l'hiver.

Nous l'avons revu en 1871 à Aix; il n'avait plus rien observé en fait de symptômes syphilitiques; la poitrine se comportait bien, et il avait pu, durant les derniers hivers, échanger le séjour du Midi contre celui de ses grandes possessions au Caucase.

6° Enfin, *quelles formes relèveront plus directement de Challes?*

Nous revendiquons naturellement pour Challes les dermatoses profondes, les complications scrofuleuses, tandis que les complications rhumatiques, névrosiques, cutanées superficielles, iront à Aix; les exostoses et périostoses à Salins; les accidents muqueux à Brides, à Uriage.

Levrat Perroton cite des ulcérations vénériennes chez

un herpétique (TROISIÈME RECUEIL, p. 52); le docteur
Devecchi, chirurgien-major, des dartres syphilitiques
Ibidem, p. 64, et NOUVEAU RECUEIL, p. 40); le docteur
Chevalay décrit une mentagre syphilitique, p. 18 du Nou-
VEAU RECUEIL ; le docteur Jarrin nous communique un
fait fort intéressant par sa forme ordinairement rebelle
(*syphilide palmaire*), et par une complication pulmonaire
qui indiquait naturellement une eau sulfureuse :

M. C..., de Marseille, 55 ans. — Râles crépitants dans tout le
poumon droit, crachats rares, dyspnée à la marche, hémoptysie
récurrente. — Syphilide à la paume des mains et au front depuis
quatre mois. La maladie vénérienne fut contractée à l'âge de
22 ans. — Traitement . inhalations tièdes, douches pharyngiennes, boissons à petites doses, bains généraux mitigés;
exercice modéré.
Après un mois de traitement, la toux a cessé, les syphilides
ont disparu, et M. C... suit les autres baigneurs dans leurs
excursions de montagne.

Après ce qui précède, on ne s'étonnera pas que l'opinion soit arrêtée sur ce point parmi les médecins qui
pratiquent près de Challes. Notre Société imprimait déjà
en 1859 (p. 25) :

« Plusieurs faits de guérison, se rapportant à des
accidents secondaires et tertiaires types, sont consignés
dans nos procès-verbaux. La durée du traitement n'a
pas été moindre de 35 jours, ni plus élevée que 90 ; et
la quantité d'eau minérale absorbée en 24 heures a
varié de 500 à 1,000 grammes. »

Ce sont les conclusions du rapport d'une Commission
nommée par la Société pour vérifier, en 1856, les effets
des Eaux de Challes sur plusieurs malades atteints de

syphilis constitutionnelle et traités par le docteur
Michaud. (Voir : NOTICE, p. 16 à 20.)

Nous terminons ces considérations analytiques par
l'indication complémentaire des observations recueillies
dans les publications antérieures sur Challes dans la
Blennorrhée : docteur Martinet, DOCUMENTS, p. 22 ; docteur Jarrin, TROISIÈME RECUEIL, p. 67 ; Diday, GAZ. MÉD.
DE LYON, 1859, p. 176 ; Forestier, CONSEILLER DU BAI-
GNEUR, p. 267.

§ 4. — MALADIES DES VOIES RESPIRATOIRES.

Challes était *à priori* analogue aux sources les plus
spécialement employées dans les maladies des voies respiratoires : Bonnes, Labassère, Marlioz, Allevard....
Mais, venue la dernière, et par suite de circonstances
particulières, Challes n'avait pas eu jusqu'à présent une
installation hydrothérapique adaptée à la thérapeutique
respiratoire. A la vérité, dès 1863, le 30ᵉ Congrès scientifique de France, siégeant à Chambéry, réclamait déjà,
sur la motion de M. Calloud, des appareils pour la pulvérisation et l'inhalation à Challes. Mais c'est en 1872
seulement que la Société des Eaux a fait établir des pul-
vérisateurs dans le pavillon des bains du Château ; et
c'est à la fin de 1874 qu'une salle d'inhalation sera
établie sur le griffon. Aussi les observations de guérisons de cette nature se trouvent-elles, jusqu'à ces der-
nières années, éparses çà et là à la suite de cures à
domicile, ou bien à Aix. Elles ne peuvent manquer de
se multiplier désormais, grâce à la nouvelle installation,

par le traitement sur place. (V. Durand-Fardel : *Traité
des Eaux minérales,* p. 482, et la discussion à l'Académie, en février dernier, sur la pulvérisation.)

En compulsant les principales publications consacrées
à Challes, nous notons une guérison de catarrhe bronchique avec extinction de voix (docteur Carret : NOUVEAU
RECUEIL, p. 27) ; une autre d'un catarrhe chronique
avec œdème (*Ibidem,* p. 29) ; et l'emploi heureux de
Challes par le savant docteur Gilibert dans quelques maladies du poumon, même avec cavernes par tubercules
(p. 52).

Rapprochons de ces faits ceux de broncho-pneumonies guéries chez le cheval par un honorable vétérinaire
des armées italiennes, M. Ughetti (ANNALES DE THÉRA-
PEUTIQUE, juin 1846). A la page 17 de l'APERÇU publié en
1841, il est parlé de plusieurs « maladies de poitrine, »
entre autres d'une hémoptysie grave chez la nommée
Excoffon guérie après un avivement thérapeutique des
mieux caractérisés.

Le docteur Bertherand, dans ses NOUVELLES ÉTUDES
(p. 9), fait allusion à des cas de « premier degré de
« phthisie tuberculeuse. »

Enfin, dans : TROISIÈME RECUEIL, on voit (p. 44) que
le docteur Desmaisons, fils de l'ancien inspecteur des
Eaux d'Aix sous l'Empire, prématurément enlevé à la
pratique, s'est fréquemment loué à Paris de l'emploi de
cette Eau dans les bronchites chroniques. On y lit une
remarquable observation de phthisie laryngée rebelle à
tous moyens, même au séjour prolongé dans le Midi, et
radicalement guérie par la boisson de l'Eau de Challes
(page 76).

Le docteur Dénarié a, dans sa pratique, nombre de faits très-confirmatifs de l'efficacité puissante des Eaux de Challes, soit contre les bronchites catarrhales chroniques, soit contre cette affection si fréquente et si opiniâtre, que Guéneau de Mussy a nommé *angine glanduleuse* chronique, et qui se complique souvent, surtout chez la femme, d'une toux sèche et d'enrouement tenace. Dans ces affections, Challes lui paraît agir plus efficacement *durant l'hiver* (1). En général, la médication sulfureuse lui réussit d'autant mieux que le sujet est plus lymphatique ; elle échoue souvent chez les sanguins. De plus, c'est à *petites doses* que le docteur Dénarié observe ses bons effets : dans la bronchite chronique, un quart, une demi-verrée, une verrée au plus, coupée avec du lait, le matin. Même dans les laryngo-pharyngites chroniques, il ne donne qu'un verre à bordeaux par jour ; et, à cette dose, l'efficacité se caractérise le plus souvent d'une manière très-appréciable en huit ou quinze jours (2).

Le docteur Dardel confirme les observations de son collègue par un fait de sa pratique, où le bon résultat ne fut pas douteux, quoique la guérison radicale n'ait pas été obtenue.

Il s'agit d'un prêtre de 52 ans, très-délicat, *lymphatique* à l'excès, très-névropathique, affecté d'herpétisme, diathèse qu'il tenait de ses deux auteurs (eczéma du côté maternel, psoriasis

---

(1) Nous plaçons aussi à Marlioz les cures respiratoires de préférence en demi-saison, au printemps et surtout en automne.

(2) Voir Bonjean : Recherches, p. 7-9.

5

de l'autre.) Une *angine granuleuse*, compliquée de *laryngite* chronique, avec enrouement habituel, arrivant en hiver à une *aphonie* presque totale, empêchait cet ecclésiastique de satisfaire aux devoirs de sa profession.

Cinq saisons consécutives à Aix, avec boissons, inhalations et douches pharyngiennes à Marlioz, amélioraient chaque fois l'état général et local. Mais aussitôt de retour à Rome, résidence habituelle du malade, ce mieux difficilement acquis se perdait rapidement.

En 1866, le Dr Dardel eut l'idée de continuer à domicile la cure d'été par la boisson d'eau de Challes à petites doses, et par des douches pulvérisées de la même eau avec un appareil Charrière.

Le résultat fut bon, et la voix, si elle ne reprit pas toute sa tonalité, garda pendant l'hiver un volume suffisant pour faire face à la parole et au chant. Encouragé par cet essai, le malade l'a répété de lui-même pendant les hivers de 1867 et de 1868, et s'en est également bien trouvé. Et il écrivait en novembre 1869, à son médecin d'Aix, qu'à son retour à Rome, il comptait bien reprendre *cette bonne eau de Challes qui lui rendait la voix*.

Le docteur Massola a observé dernièrement un beau résultat de la boisson de Challes dans une *bronchite catarrhale* opiniâtre, entée sur un fond herpétique très-caractérisé et héréditaire. C'est, au reste, chez des sujets diathésiques de cet ordre, que cette médication lui semble plus opportune, et il l'a souvent constaté dans son service à l'hôpital militaire.

Mme M..., de Bruxelles, 25 ans, cantatrice distinguée. Engorgement chronique des amygdales, ulcérations à la muqueuse pharyngienne. Traitement : douches pharyngiennes froides avec le pulvérisateur de Sales-Girons ; eau de Challes pure en boisson (deux verrées par jour en commençant, et progressivement jusqu'à quatre). — Guérison et départ au trente-troisième jour de la cure. (Dr Jarrin, saison de 1873.)

M. l'abbé A..., de la Giettaz : catarrhe chronique pulmonaire.
— Aspiration de vapeur et d'eau minérale pulvérisée ; trois semaines de traitement ont suffi à la guérison. (Dʳ Jarrin, 1873.)

Mˡˡᵉ C..., de Castres, 20 ans : catarrhe bronchique. (Inhalations tièdes, boisson de trois verrées par jour.) — Guérison en un mois, du 13 juillet au 10 août 1873. (Dʳ Jarrin.)

M. B..., de Nîmes : catarrhe bronchique chronique compliqué d'eczéma aux jambes. Un mois de boisson et d'aspiration d'eau minérale pulvérisée a suffi au traitement. (Dʳ Jarrin.)

§ 5. — MALADIES DE L'APPAREIL DIGESTIF.

Cette partie de notre monographie comprendra anatomiquement l'effet des Eaux de Challes sur les annexes des voies digestives : *foie, vessie* et *reins*, les fonctions du premier étant inséparables de la digestion, et la mention des diverses blennorrhagies à l'article syphilis et écoulements n'ayant laissé à considérer, dans les voies génito-urinaires, que la gravelle et le catarrhe vésical. Nous avons retenu aussi dans ce paragraphe certaines observations qui eussent été tout aussi bien à leur place auprès des diathèses herpétiques ou autres, lorsque la nature des symptômes nous amenait à les analyser à propos des affections gastro-entériques. Enfin, nous y rattacherons comme une annexe naturelle les *parasites* du tube digestif.

Tous les écrits publiés sur Challes ont mentionné, plus ou moins explicitement, leur action sur l'appareil de la digestion ; quelques-uns enregistrent des faits concluants et remarquables.

Une eau minérale, qui s'administre surtout en boisson, produit nécessairement son premier effet sur les organes digestifs. Si cette eau est sulfureuse, elle emprunte à cette attitude une action élective sur la peau et sur les muqueuses, qui ne sont qu'une peau intérieure, une peau rentrée ou retournée. Si cette eau se digère facilement, les exemples de son action sur les tissus gastro-entériques se multiplieront : c'est ce qui est arrivé pour l'eau qui nous occupe.

Sa digestibilité a été parfois contestée, plutôt, croyons-nous, en vertu d'un *à priori* déduit de sa haute minéralisation, que par suite d'expérimentations réelles. Le docteur Davat, dans son compte-rendu présidentiel de 1855, y mit une réserve qui excita au plus haut point la susceptibilité paternelle du docteur Domenget, et valut à notre confrère d'Aix une réplique non moins instructive que piquante. (CONSIDÉRATIONS, p. 18.)

Le docteur Baumès a paru limiter la tolérance de l'estomac en face de cette boisson, « au cas où les voies « gastriques sont saines, » ce qui restreindrait singulièrement leur champ d'application. Le docteur Domenget a répondu à cette allégation théorique par un fait pris entre bien d'autres (TROISIÈME RECUEIL, p. 31); et nous sommes convaincus de son bon droit par des expériences répétées. Non-seulement l'Eau de Challes est supportée, au grand avantage du malade, dans certaines gastro-entérites chroniques, gastralgies, diarrhées, etc., mais il arrive parfois que ces dyspeptiques, lorsque Challes leur est indiquée, la digèrent plus facilement que les estomacs parfaitement bien portants.

Le plus remarquable exemple de tolérance que nous ayons rencontré, est chez M. B., d'Aix, atteint d'une dyspepsie flatulente intense, avec catarrhe bronchique et vésical. M. B. en était arrivé à boire volontiers l'Eau de Challes à table, et en coupait son vin de Touvières.

La digestibilité de l'Eau de Challes n'est certes pas absolue : il y a même des estomacs qui ne la supportent en aucune manière ; mais ce sont des exceptions. En général, elle est bien acceptée, surtout à la source, ou lorsqu'elle est maintenue dans ses conditions natives de fraîcheur et d'intégrité chimique. Nos confrères d'Aix ont tous constaté avec quelle facilité, avec quel plaisir même, les baigneurs dépassent, à la buvette de la pharmacie Duvernay, la dose prescrite. Ils tiennent le *coup d'après-midi* pour l'équivalent d'un vermouth, et arrivent à remplacer volontiers un verre de bière ou de limonade par un verre de cette Eau « qui les désaltère si bien. »

Les renvois d'*œufs couvis* ne s'observent pas chez tous les buveurs, ni constamment. Ils peuvent souvent être évités, comme ceux qui suivent l'huile de foie de morue, par un temps de repos absolu. Enfin, lorsqu'il y a une susceptibilité particulière de l'estomac, comme quand les béchiques sont indiqués, on obtient souvent la digestion de l'Eau par son coupage avec un sirop, ou du lait chaud, ou une infusion pectorale : ce qui n'empêche que quelques-uns ne la digèrent mieux toute pure. Le docteur Dénarié vérifie fréquemment l'utilité de l'Eau de Challes coupée de lait dans les dyspepsies, soit diathésiques, soit essentielles.

Cette eupepsie, que plusieurs d'entre nous ont remarquée chez leurs malades ou sur eux-mêmes, a été plus particulièrement affirmée par Gilibert (p. 18 des Consi-

DÉRATIONS) « qui n'observait pas de différence sous ce
« rapport entre les si fortes Eaux de Challes et celles si
« faibles d'Eaux-Bonnes. » Elle trouve au reste son
explication dans la parfaite neutralité de leur sulfure
sodique, et dans leur franche alcalinité (Calloud : EXP.
UNIV., p. 13).

Aussi MM. Pétrequin et Socquet les recommandent-
ils « dans les dyspepsies acides avec alternative de
« constipation et de diarrhée, ainsi que dans les affec-
« tions chroniques de la muqueuse vésicale » (p. 586).
L'APERÇU (p. 17) mentionne leur utilité dans le pyrosis,
dans la dyspepsie leucorrhéique. Elle a été constatée chez
les convalescents du choléra, et dans la diarrhée épi-
démique de 1865 à Chambéry (docteur Michaud : CON-
SIDÉRATIONS, p. 44 ; et docteur Vidal : AIX EN 1867,
p. 36).

Le docteur Pralet attribue à l'Eau de Challes une
action modificatrice locale sur l'estomac, fort utile, efficace contre la gastrite ulcéreuse chronique, indépendamment de toute diathèse. M. Massola tend à restreindre
cette action aux gastrites diathésiques : il cite un fait
d'intolérance chez un malade pléthorique ; cette cause
d'exception a été du reste signalée par le docteur Domenget.

Plusieurs membres de la Société signalent ses bons
succès dans les diarrhées chroniques, soit diathésiques,
soit essentielles. Le docteur Dénarié cite un succès dans
une diarrhée chez un pellagreux.

Comme observations plus frappantes et suffisamment
détaillées, nous signalons :

1° Une gastrite chronique avec stomatite (CONSIDÉRA-

TIONS, p. 26). Le docteur Veyrat porta graduellement la dose, *sans occasionner aucun malaise*, de trois demi-verrées à un litre par jour, et guérit la maladie en un mois.

2° Une diarrhée rebelle, avec œdème des extrémités, datant de dix-huit mois, de nature évidemment herpéti-que, traitée *in extremis* par Challes, et guérie en moins d'un mois (CONSIDÉRATIONS, p. 30).

3° Une autre gastralgie herpétique, exaspérée à Aix, *où Marlioz ne fut pas tolérée.* Challes fut supportée im-médiatement à trois verrées par jour, puis à six, et l'es-tomac était guéri après un peu plus d'un mois (CONSIDÉ-RATIONS, p. 31).

4° M. Quétand, membre distingué du barreau de Paris : diarrhée par métastase goutteuse, rebelle à tous les traitements essayés ; guérison en quelques semaines (TROISIÈME RECUEIL, p. 31).

5° Le docteur Levrat-Perroton a rapporté (p. 53 du NOUVEAU RECUEIL) une hépatite chronique avec ictère. Cette observation assez circonstanciée offre la preuve et la contre-épreuve de l'efficacité de Challes. Il faut rapprocher de ce fait celui observé par le docteur Revel :

Hypertrophie herpétique notable; commencement d'améliora-tion à Vichy, puis état stationnaire qui ne cède qu'à quatorze mois d'usage méthodique de l'eau de Challes. (*Ibidem*, p. 20.)

Mme X..., de Castres : engorgement chronique du foie. Bois-son minérale : Tous les cinq jours, addition de sulfate de soude. Guérison en un mois, du 13 juillet au 10 août 1873. (Dr Jarrin.)

6° Quant à la gravelle, ainsi qu'aux autres maladies dues à un excès d'acidité, Challes, comme Vichy, neutralise d'abord cette acidité, puis imprime aux urines le caractère alcalin. Pour ces maladies *chimiques*, l'*à priori* théorique et l'induction physiologique peuvent suppléer à l'expérimentation chimique, et il nous suffit de renvoyer à l'ingénieuse étude de physiologie auto-expérimentale de M. Bonjean, inscrite aux pages 7-9 de ses RECHERCHES, et reproduite p. 37 du TROISIÈME RECUEIL.

7° La propriété anthelmintique de l'Eau de Challes a été constatée directement sur les lombrics de terre : ceux d'entre eux qui sont mis en contact avec elle le long d'une rigole ouverte à son parcours sont tués. Pour les lombrics de l'homme, on trouve des faits, p. 42 du TROISIÈME RECUEIL, p. 55-56 du NOUVEAU RECUEIL ; pour les ascarides, *Ibidem* et p. 23 de NOTICE, et même pour un ténia dont l'espèce n'est pas indiquée (p. 55 du NOUVEAU RECUEIL). La propriété toxique sur les entozoaires des sulfures, iodures et bromures, paraît positive ; mais nous nous attachons surtout à l'action tonique et altérante de ces eaux sur la muqueuse digestive, et à la modification consécutive des sécrétions vicieuses qui favorisent les générations parasitaires.

L'huile de foie de morue recommandée en lavements contre les ascarides du rectum, agit-elle surtout comme corps huileux, ou par son iodure de potassium ? Quoi qu'il en soit, on ne se trouvera pas moins bien en pareil cas de l'emploi des lavements d'Eau de Challes. (Szerlecki, *Journal des conn. méd.*, 15 fév. 1874. — Caron du Villars.)

Etant admise en fait l'efficacité anthelmintique de

l'Eau de Challes, faut-il, avec M. Calloud, placer cette efficacité dans l'Eau *non absorbée*, lorsque celle-ci ayant été altérée devient lourde et de difficile digestion ? Faut-il, généralisant cette théorie, admettre que la santonine aussi n'agit comme anthelmintique qu'à la condition de n'être pas absorbée, et que dans le cas où elle l'est, toute son action va se dépenser sur le système nerveux et produire les accidents que l'on sait ? — Telle n'a pas été l'opinion de la Société : plusieurs croient que l'action de l'Eau peut être indirecte, et ne s'exercer sur les entozoaires que par le ricochet de son action modificatrice sur la muqueuse digestive. Une opinion mixte à laquelle se rallie M. Calloud, c'est que l'Eau n'est pas entièrement absorbée, et c'est cet excédant non absorbé qui agirait directement sur les vers.

§ 6. — GOÎTRE.

La très-appréciable proportion d'iodure contenue dans l'Eau de Challes l'indiquait *à priori* dans le goître. Si minime en effet soit-elle, nous la retrouvons aisément dans les urines des buveurs. M. Bonjean (RECHERCHES, p. 7) a mis en évidence ce fait, et les circonstances dans lesquelles il le constatait l'amenaient à cette vérité passée à l'état d'axiome pour tous les médecins d'eaux, et confirmée par les curieux travaux du docteur Burggraeve : que l'absorption des remèdes est d'autant plus parfaite qu'ils sont administrés à plus petites doses, et qu'ainsi disparaît la différence apparente entre les fortes doses et les petites. La pratique a justifié constamment l'*à priori* chimique.

Mais, en face de l'hypertrophie thyroïde, quelle part faire, dans l'action incontestée de l'Eau de Challes sur les goîtres, soit à l'iodure de potassium, soit au sulfure alcalin, soit au brome ? Question délicate, que n'éclaire point l'expérimentation de cette Eau ; car elle se borne à nous prouver l'efficacité du tout complexe, et peut-être l'action est-elle complexe elle-même.

M. Calloud a voulu essayer l'hyposulfite de soude dans les goîtres, et se croit autorisé par ce qu'il a vu et par quelques faits de la clientèle du docteur Cottarel à La Motte, pays de goîtres endémiques, à attribuer l'influence prépondérante à ce sel « vingt fois plus abon-« dant que l'iodure de potassium dans la composition « de cette Eau. »

Quoi qu'il en soit de cette opinion encore insuffisamment contrôlée par l'expérience, il est incontestable que l'iode guérit le goître et le guérit avec de minimes doses. Le docteur Blanc cite une dame genevoise dont le goître volumineux céda à un seul gramme d'iodure mêlé dans un kilogramme de sel.

MM. Bonafous et Mottard recommandaient l'Eau de Challes aux goîtreux dès 1845. Le docteur Mottard l'a appliquée depuis sur des milliers de cas (1). Résumant à notre intention sa longue pratique dans une note écrite le 2 février dernier, il s'exprime ainsi : « La di-« minution du volume s'observe au bout d'une quin-« zaine, en buvant un litre environ par jour, et le goître « disparaît ensuite plus ou moins promptement, sui-

(1) TROISIÈME RECUEIL, p. 25 ; NOUV. RECUEIL, p. 61.

« vant ses dimensions. Les récidives sont rares. Les
« goîtres indurés n'ont presque pas subi de modifica-
« tions, tandis que les goîtres mous ont entièrement
« disparu chez ceux qui en ont fait un usage convena-
« blement prolongé. Et celui-ci ne produit pas, comme
« l'iode des pharmacies, ces accidents qui forcent à en
« interrompre l'usage. »

Cette distinction entre les goîtres mous et les goîtres
indurés, trop négligée dans les publications antérieures, nous amène à dire un mot des goîtres *cystiques*.
Chez ceux-ci, les remarquables études du docteur Bouchacourt ont fait ressortir la nécessité de l'intervention
chirurgicale : ponction évacuatrice et injections dans le
kyste. Mais comme le kyste est rarement sans certain
degré d'hypertrophie de la thyroïde, l'Eau de Challes en
boisson et en application y conserve son indication. Et
le docteur Bouchacourt l'a rappelé plusieurs fois. (Mé-
MOIRE SUR LE GOÎTRE CYSTIQUE, 1849, p. 9 et 15 ; — et
Gallois : MÉMOIRE SUR LE GOITRE CYSTIQUE, 1848, pages
3 et 51.)

La supériorité des eaux minérales naturelles iodurées,
de Challes particulièrement, sur les préparations iodurées artificielles, a été signalée aussi par le docteur
Laboré, de Lyon (p. 5 de LETTRE AUX MÉDECINS), et par
le docteur Vingtrinier (DU GOÎTRE ENDÉMIQUE DANS LA
SEINE-INFÉRIEURE).

Le docteur Martinet, médecin-major au 79ᵉ, n'est
pas moins explicite (DOCUMENTS, p. 22). On lit au même
endroit la guérison en quinze jours, par un demi-litre
quotidien, d'un goître qui avait motivé la réforme, et
d'un religieux de Hautecombe, chez qui la tumeur était
assez considérable pour amener de l'oppression.

J'ai soumis à l'Eau de Challes, chaque printemps, durant deux à trois mois, une demi-douzaine de sourdes-muettes, dont le soin m'était confié de 1846 à 1854 : chez ces enfants, presque toutes hautement scrofuleuses, j'ai obtenu l'amendement des divers symptômes, du goître en particulier, et l'intelligence s'est développée. Sans en conclure que les *Eaux de Challes donnent de l'esprit*, ni même que le goître agit à la façon du doigt comprimant le cerveau, j'ai pu (TROISIÈME RECUEIL, p. 82) insister sur l'amélioration de l'intelligence chez les crétins par l'atténuation de conditions organiques fâcheuses.

En résumé, c'est là un mode d'action incontesté, assez rapide, toujours inoffensif, plus spécial aux goîtres scrofuleux qui sont de beaucoup les plus fréquents.

§ 7. — CANCER.

Nous déclarons tout d'abord que nous doutons beaucoup de l'efficacité définitive de l'Eau de Challes en pareil cas. Nous n'avons pas trouvé un seul cas de guérison constatée, dans lequel on ait vérifié au microscope la caractéristique hystologique, et cette lacune suffit sans doute pour frapper de nullité, aux yeux de la critique moderne, toutes les observations recueillies.

Toutefois, nous sommes obligés de reconnaître que certains faits sont environnés de garanties aussi grandes qu'elles puissent exister, le microscope à part, soit par la description des symptômes, soit par l'assertion d'hérédité, soit par l'autorité des observateurs. C'est ainsi que le docteur Bertherand invoque le témoignage du docteur Bonnet (p. 10 de Nouv. Études, et p. 25 de Doc. et Corresp). — Le docteur Carret, chirurgien en chef de l'Hôtel-Dieu de Chambéry (p. 26 du Nouv. Recueil, deuxième édition), déclare qu'un tubercule cancéreux, récédivé deux fois après l'enlèvement par le caustique de Vienne, a cédé radicalement au seul usage externe de l'Eau de Challes, et n'a pas repullulé depuis quatre ans. — Le docteur Tanchoux cite des carcinomes et des squirrhes de l'utérus (p. 48, Nouv. Recueil, deuxième édition). — Le docteur Canquoin avait opéré trois fois un sein cancéreux, et trois fois le mal avait reparu après une cicatrisation de courte durée, et dans tout son formidable appareil : « bords durs, bosselés, « rougeâtres, avec élancements ; noyau de la grosseur « d'une amande. » La malade refusant une quatrième opération, on tenta l'Eau de Challes *intùs et extrà* Soulagement immédiat et guérison en quatre mois, qui se maintenait deux ans après (*Ibidem*, p. 49). Le docteur Gilibert, ce praticien si réservé et si consciencieux, narre un ulcère carcinomateux de la langue, rebelle à divers traitements, *et même à l'iodure de potassium*. Agé de 60 ans, le malade boit en quelques mois 150 bouteilles d'Eau de Challes et guérit ! (*Ibidem*, p. 50, et Troisième Recueil, p. 73). Le docteur Revel et moi, nous l'avons employée chez Mlle R., *in extremis*, quand le mal avait envahi tout le plexus axillaire et mammaire, et lancé des prolongements intercostaux, quand le sommeil était impossible et les douleurs atroces. Nous avons donné du repos, du répit : l'aspect de la plaie s'était modifié remarquablement, et nous eus-

sions obtenu davantage si la malade, dans son irrésolu-
tion bien excusable hélas ! et sans cesse en quête de
nouveaux *spécifiques*, avait été plus longtemps fidèle à
notre prescription.

Nous avons encore le fait d'un ulcère cancéreux du
sein chez une princesse russe, cicatrisé en un mois et
demi, et celui analogue de Mme Gex, septuagénaire (p. 81
du Troisième Recueil). Mais le docteur Besson a constaté
qu'il n'y avait eu chez cette dernière qu'un amendement. Au reste, quand encore on n'obtiendrait pas une
guérison radicale et diathésique, quand on n'obtiendrait
que la rétrocession ou l'enrayement momentané des
poussées en cours, et l'ajournement des nouvelles,
quand on n'aurait dans l'Eau de Challes qu'un auxiliaire
du bistouri, ce serait déjà autant et plus qu'on n'a obtenu
de tous autres palliatifs.

§ 8. — Varia.

Nous avons anatomiquement passé en revue et discuté
l'action des Eaux de Challes dans les maladies des
appareils cutané, respiratoire, digestif et urinaire,
des systèmes glandulaire, osseux et muqueux ; nous
l'avons étudiée diathésiquement dans la scrofule, la
syphilis, le goitre et le cancer.

Il ne nous reste plus, pour compléter cette revue
thérapeutique, qu'à mentionner quelques points secondaires ou encore imparfaitement éclairés, c'est-à-dire la
morve et le *farcin*, le *scorbut*, la *périodicité*, le *venin
vipérin*, la *brûlure*, les *névralgies*, le *rhumatisme*, les
maladies utérines, les *hémorroïdes*.

Morve et farcin. — Les ANNALES DE THÉRAPEUTIQUE du docteur Rognetta ont accueilli (juin 1846) dix-huit observations dues à M. Ughetti, vétérinaire au Piémont-Royal. Douze ont trait à des affections catarrhales graves. Mais la première est une *morve aiguë,* presque guérie par deux fois au moyen de la boisson de l'Eau de Challes, puis radicalement disparue au troisième traitement *intùs et extrà.* Deux autres cas, l'un de morve et farcin, l'autre de farcin, ont été amenés à un tel degré d'amélioration, qu'on pouvait pressentir la guérison si les circonstances avaient permis d'achever la cure.

Ici, comme à propos du cancer, nous mettons un point d'interrogation ? — Le docteur Ughetti a été parfaitement heureux dans les broncho-pneumonies et l'herpès. — Quant à la morve et au farcin, de nouvelles expérimentations auraient, ce nous semble, suivi les premières, si celles-ci avaient été plus concluantes. Au reste, le rapport fait dans le temps, sur ces faits, à l'Académie de Savoie, par mon père, quoique empreint pour l'efficacité de Challes en général, d'un enthousiasme d'autant plus remarquable que le rapporteur était moins enclin aux nouveautés (c'en était une alors), porte l'empreinte d'un assez complet scepticisme à propos de la morve et du farcin.

Scorbut. — Les faits de cette catégorie se rapportent à des malades détenus dans les prisons de Chambéry, traités par le docteur Michaud (NOTICE, p. 21), et à des soldats de marine.

Périodicité et *névralgies.* — Les Eaux de Challes ont agi parfois sur la condition organique, qui entretient le plus souvent l'intermittence, en faisant cesser la splénotrophie (APERÇU, p. 10) ; d'autrefois, en remédiant à la faiblesse qui, effet d'abord des fièvres prolongées, tend ensuite à les entretenir (docteur Martinet : DOCU- MENTS, p. 22). Il est arrivé aussi qu'en vertu de cette action sédative qu'elle démontre sur le système ner- veux (peut-être aussi grâce au *brome* qu'elles contien- nent), elles ont calmé des névralgies intermittentes ou continues (NOUVEAU RECUEIL, deuxième édition, p. 61 ; APERÇU, p. 12).

Venin vipérin. — Trois cas, dont un des plus graves, tendent à établir l'utilité du sulfure de sodium de nos Eaux dans la morsure de vipère. (TROISIÈME RECUEIL, p. 27.)

Brûlures. — C'est en battant l'eau alcaline avec une huile douce que l'on a paru obtenir, par le savonule qui en résulte, d'heureux effets sur les brûlures. Il n'y a donc rien là de spécial à l'eau de Challes.

Rhumatisme. — Deux ou trois faits seulement corres- pondent à cet ordre et semblent se rapporter plutôt au lumbago ; or, on sait l'efficacité spéciale de l'iodure de potassium en pareil cas : c'est donc à cet élément que nous attribuerions ici une action qui, dans les autres eaux sulfureuses, s'explique surtout par leur therma- lité.

Maladie de l'utérus et de ses annexes. — Le docteur Jarrin trouve ces notes trop laconiques dans son carnet de 1872 : « Mme F..., de Genève, envoyée par le docteur Binet. — Tumeur ovarique gauche ; arrivée à Challes le

5 juin; disparition rapide de la tumeur constatée le 21.»
— Mme H..., de G... (Styrie) : tumeurs fibreuses utérines
traitées sans succès à Tœplitz; consultation du docteur
Lacour, de Lyon : amélioration considérable après une
cure à Challes du 1er juillet au 4 août. La tumeur qui
donnait au ventre l'apparence d'une grossesse de 6 à 7
mois, se réduit en trois lobes distincts et mobiles; l'in-
continence d'urine cesse, les fonctions digestives rede-
viennent normales. » — « Mme R. (Suisse), consultation
du docteur Vignière : tumeur utérine du volume de la
tête d'un enfant d'un an, s'étendant de l'épine iliaque
gauche à l'ombilic. Diminution considérable en 1872;
retour à Challes en 1873, où elle a fait une cure au
printemps et une autre au mois d'août avec un succès
croissant. »

Hémorroïdes. — Nous ne voulons point nous arrêter
à un ordre d'effets vulgaire dans la pratique auprès des
eaux sulfureuses et qui a été touché au chapitre physiologique; mais nous citerons une seule observation qui
nous est personnelle, pour sa date toute récente et pour
certains caractères moins habituels.

M. G..., de Chambéry, constitution saine, tempérament nerveux, 53 ans, sujet aux hémorroïdes anales et vésicales, ainsi
qu'aux toux, rhumes et angines d'hiver, est pris, le 3 février dernier, d'un violent coryza incessamment suivi de bronchite, sans
fièvre, mais avec une toux quinteuse, très-fatigante, et rappelant
le caractère spasmodique de la *grippe.* Au bout de douze jours,
l'expectoration avait sensiblement diminué ; mais la toux conti-
nuait dans toute son intensité en dépit de la chambre, du papier
Fayard, du sirop de lactucarium, de la suppression du vin, des

6

cigarettes calmantes, etc. Eau de Challes à petites doses : un verre à bordeaux coupé de lait chaque matin.

Dix jours d'emploi de ce moyen n'avaient encore produit aucune amélioration ; le malade allait en cesser l'emploi, et reprendre ses habitudes, n'attendant plus sa guérison que du temps et du retour de la belle saison. — Mais le 1er mars, les hémorroïdes vésicales fluent (il n'y avait plus de flux depuis plus de six mois) ; et, dès le lendemain, la toux avait disparu complétement malgré la pluie et le froid de ces jours-là, auxquels M. G... avait recommencé à s'exposer en désespoir de cause.

———

Avons-nous représenté Challes comme une panacée? et nous adressera-t-on le même reproche que nous avons souvent entendu formuler et que nous avons nous-même formulé quelquefois contre le partial auteur de la découverte? — Nous croyons avoir fait le discernement entre les points acquis et ceux qui restent douteux.

Nous avons davantage à redouter ce reproche de la part du public, pour qui le remède ne saurait s'adapter à des maux d'aspect différent, et dont il méconnaît la communauté d'origine. Quant à nos confrères, ils savent quelles indications multiples peuvent être remplies avec une même eau minérale si complexe dans sa composition, et quelles formes innombrables revet un principe diathésique unique. Ils savent aussi que ce protée

insaisissable qu'on appelle une eau minérale naturelle,
vulgaire et décevante *selle à tous chevaux* pour l'indus-
trialisme et pour l'ignorance, est, entre les mains du praticien expérimenté et sagace, le plus malléable des ins-
truments, une arme également utile contre les ennemis
les plus divers. Patissier l'a dit, et le docteur Bazin
après lui : « Une eau minérale quelconque est suscep-
« tible de produire tous les effets que l'on attend de la
« médication hydro-minérale. » Et c'est là ce qui rend
l'intervention du médecin si importante dans la plupart
des cures hydro-minérales, surtout quand il s'agit d'une
eau aussi énergique que Challes, et dont la haute minéralisation justifierait, si elle pouvait l'être, la proposition de l'honorable représentant Labélonye, d'une
législation exceptionnelle pour certaines sources. Mais
trop de motifs de justice distributive et de moralité
professionnelle réclament le retour du régime des eaux
minérales au simple droit commun.

Seulement il importe que le malade soit averti des dif-
ficultés que présente le plus souvent l'institution d'une
cure aux eaux minérales ; car le mode d'emploi de celles-
ci doit être réglé, non-seulement sur la nature de la
maladie, mais aussi sur la saison, sur le tempérament,
l'âge, le sexe, l'idiosyncrasie, sur la date de l'affection,
sur son caractère héréditaire ou accidentel, diathésique
ou local, etc.

La force et l'époque de la réaction varient selon bien
des conditions. Cette exacerbation, cet avivement thérapeutique peut se produire dès le cinquième jour ou plus
tard. Il y aura lieu ou non d'en tenir compte dans le
traitement, et surtout il ne faudra pas la confondre avec

la *saturation* qui vient aussi à des époques variables, parfois dès le vingt-cinquième jour, et dont la signification sera, selon le cas, un arrêt définitif ou une suspension momentanée. De telles appréciations ne peuvent évidemment ressortir-que du médecin.

Dʳ GUILLAND.

EXTRAIT D'UNE NOTE

SUR LE

CAPTAGE DE LA SOURCE MINÉRALE

DE CHALLES (1)

———

. . . .

. . . .

L'on connaissait, avant les travaux récemment exécutés à Challes pour le captage de la source, trois
points d'émergence de l'eau sulfureuse : le premier,
qui était aussi le plus important et le seul exploité,
se composait de deux griffons, distants à peine de quelques mètres, donnant chacun de l'eau minérale plus
ou moins mélangée d'eau douce, et situés à environ
trois mètres en contre-bas du sol naturel; sur la roche
se trouvait assis le bassin, de deux mètres carrés de
surface à peu près, se remplissant par suite de la pression que l'eau possédait à son émergence. A mesure que
le niveau s'élevait, le débit, on l'a déjà vu, diminuait,

———

(1) Ainsi que nous l'avions fait espérer en commençant cette
monographie, nous pouvons donner ici quelques détails sur le
captage et l'emmagasinage, qui viennent d'être achevés. Ils inté-
resseront un grand nombre de nos lecteurs, et ils permettront
d'apprécier la délicatesse de l'opération menée à si bonne fin
par MM. Boutan et Domenge. — Dr G.

jusqu'au point de devenir presque nul lorsque ce niveau atteignait celui du sol : aucun déversoir ne venait
soulager les griffons, et, dans la morte saison, à peine
tirait-on de temps en temps par le haut quelques litres
de liquide, bien plus pour enlever les couches supérieures, décomposées par l'air, que dans le but de diminuer la hauteur de la colonne de pression.

La partie supérieure du réservoir était découverte ;
seulement, à 1^{m}50 au-dessous de la surface de l'eau, se
trouvait établi un plancher qui interceptait tant bien
que mal, et plutôt mal que bien, la communication de
l'air avec les couches inférieures de l'eau minérale, les
seules utilisées ; ces couches inférieures étaient amenées
par un syphon au robinet, que l'on abordait par un
escalier de quelques marches. Voilà dans quel état primitif se trouvait la *Grande Source*. Nous ne parlerons
que pour mémoire de la *Petite*, qui n'a jamais été utili-
sée, et qui était d'ailleurs d'une faiblesse relative trop
grande pour que nous ayons songé à nous en occuper
sérieusement.

A dix mètres environ de la Grande Source se trouvait une autre émergence, appelée *le Puits*, éminem-
ment variable et capricieuse, qui avait donné, aux divers
dosages faits par plusieurs observateurs à différentes
époques, une sulfuration comprise entre 0 et 200 degrés.
Cette source se trouvait placée, ainsi que son nom l'indique, au fond d'un puits muraillé en pierres sèches
et garni à la partie inférieure, pour protéger le griffon
contre les débris qui auraient pu tomber, d'une meule
percée d'un trou pour laisser passer l'eau : dans ce puits,
qu'on ne vidait jamais, le liquide ne dépassait pas le
niveau des eaux naturelles de la surface.

La *Grande Source* et le *Puits* n'étaient séparés que par
le chemin qui faisait communiquer le château de Challes
avec la grande route de Paris en Italie.

Ce chemin ayant été acheté par la Société propriétaire
des Eaux, M. Domenge, son directeur, vint me prier de
me charger de la direction des travaux que l'on se
proposait d'entreprendre pour augmenter le débit de la
source, ainsi que pour améliorer son régime et les con-

ditions de son exploitation, rien ne pouvant désormais les entraver.

J'acceptai, et les travaux commencèrent immédiatement; c'était au commencement du mois de novembre 1873; ils ont été terminés, pour la partie essentielle, c'est-à-dire pour le captage proprement dit, au 1er mai 1874.

Je me propose dans cette note de raconter brièvement les diverses phases par lesquelles ils ont passé.

En présence de la variabilité si étonnante du *Puits*, mon plan fut bientôt dressé. Je fis faire une découverte complète de la surface, en enlevant l'empierrement de la route d'une part, la terre végétale de l'autre, de manière à mettre la roche vive complétement à découvert, et à voir si aucun accident géologique ne pouvait nous faire deviner la liaison entre le Puits et la Grande Source; puis, si nous découvrions cette liaison, tâcher de les réunir en suivant le filon d'eau minérale, à la condition qu'il ne nous mènerait pas trop loin, et dégager complétement les émergences.

L'on va voir que ces espérances furent en partie déçues, en partie réalisées.

La découverte de surface à laquelle nous venions de procéder nous révéla l'existence de quatre ou cinq petites sources, je devrais dire presque des suintements, d'une eau assez faible comme minéralisation, répandues comme au hasard sur la surface, de 150 mètres carrés environ, mise à découvert; le Puits, lui-même, réduit à son eau minérale pure, donnait très-peu. Nous résolûmes alors d'enlever les assises supérieures de la roche, travail qui s'est fait tout le temps au pic et au levier, pour tâcher, suivant notre programme, de réunir ces divers suintements; mais un fait très-intéressant vint bientôt nous donner la confirmation de la liaison de la *Grande Source* avec ces petits filons. A mesure que nous nous approfondissions, la sulfuration de l'eau de l'ancien bassin baissait peu à peu et progressivement, et finit par devenir égale à 0, le jour où nous parvinmes au-dessous du niveau des anciennes émergences; il ne restait plus qu'un filon d'eau douce assez abondant,

qui, par conséquent, dans l'ancien état de choses, alté-
rait l'eau minérale, et dont on ne parvenait à se débar-
rasser incomplétement que par la pression dont nous
avons parlé.

Le fait était bien naturel, puisque nous offrions à la
source un chemin plus facile, qu'elle tendait toujours à
suivre ; mais, au point de vue du succès de notre entreprise, il fallait désormais songer, non plus à utiliser
des filets d'eau négligés primitivement, et les ajouter
comme appoint à celle qui était déjà exploitée, mais
nous suffire à nous-mêmes, et retrouver de toutes pièces à une nouvelle place la source qui se dérobait à
l'ancienne.

Les travaux atteignirent ainsi, sur la surface indiquée
de 150 mètres carrés, quatre mètres de profondeur en
contre-bas du sol. A ce moment, les diverses émergences se divisaient en deux groupes : l'un, au nord,
composé de trois ou quatre petits filons, donnait de
l'eau assez forte, variant entre 50° et 70° sulfhydromé-
triques ; l'autre, au sud, composé d'un nombre indéter-
miné de petites sources, alignées suivant un arc de
cercle d'assez grand rayon, formé par une fissure située
entre deux assises de la roche.

Aucun fait géologique n'était et n'est venu éclairer la
cause de l'émergence en ce point d'une eau aussi extraordinaire dans sa composition et aussi admirable dans
ses effets que celle de Challes. Les bancs de la roche
calcaire sont assez réguliers, orientés N.-S. ; aucune
faille, aucune fente un peu large et régulière ; mais
bien une multitude de petites fissures, orientées dans
toutes les directions. On voyait quelquefois, au moindre coup de pioche, se déplacer les émergences, qui se
logeaient dans ces fissures, tantôt obliques ou perpen-
diculaires à la stratification, tantôt situées dans les plans
de division même des couches.

C'est dans ces circonstances et à la fin du mois de
février, que, sur la demande du Conseil d'administration, provoquée par quelques actionnaires de la Société,
M. Jules François, dont l'autorité en hydrologie est universelle, a bien voulu venir visiter les travaux et nous

prêter le concours de ses hautes lumières et de son expérience. Sa visite eut lieu les 27 et 28 février ; M. Bochet, ingénieur en chef des mines à Chambéry, y assistait.

M. François jugea que les travaux avaient été conduits avec méthode, et nous conseilla pour terminer le travail, d'essayer d'augmenter le volume d'eau au moyen de petits coups de sonde de 1^m 50 à 2^m de profondeur, destinés à dégager les émergences et offrir à l'eau un écoulement plus facile.

Ces trous de sonde furent faits, au nombre de trois ; ils ne donnèrent pas les résultats qu'on en attendait et n'augmentèrent pas sensiblement le volume de l'eau, mais ils donnèrent deux indications précieuses.

La première, c'est que cette même eau, qui avait 50° à 60° à l'émergence, par le seul fait de son repos dans le trou de sonde, montait rapidement en minéralisation, et parvenait à 130° ; ce n'est pas du reste, on va le voir, parce que le trou de sonde avait trouvé une veine plus riche, que ce fait se produisait, mais bien par suite de cette circonstance, signalée plusieurs fois, que l'eau de Challes a besoin d'un certain emmagasinage, ou d'une certaine pression, pour acquérir toute sa richesse.

La seconde, c'est qu'ils révélèrent, à la profondeur de 1^m 50 à 1^m 80, l'existence d'un banc marneux assez tendre et probablement très-fissuré ; l'on s'aperçut, en effet, que les trois trous de sonde, bien que percés en pleine roche et alignés à des intervalles d'environ deux mètres, communiquaient librement entre eux, l'eau, troublée dans l'un, faisant partager très-rapidement son trouble aux deux autres, et l'écoulement se faisant seulement par l'orifice du trou de sonde le plus bas.

Ce banc tendre, de dix centimètres d'épaisseur à peu près, reposait, toujours d'après les indications de la barre à mine, sur un banc très-dur, où nous pouvions espérer saisir une émergence unique et obtenir enfin un captage parfait, absolument débarrassé des eaux douces ; c'est pour cette raison, et aussi pour écarter les mauvaises chances que pouvaient nous offrir les fissures du banc tendre, que l'on décida, malgré les inconvénients inhérents à une profondeur trop grande du bassin, relativement à l'exploitation future, de découvrir encore ces deux mètres de roche : ce qui fut fait.

Comme c'est à la profondeur où nous sommes ainsi arrivés que sont établis les bassins, il ne sera pas inutile de décrire exactement l'état-des choses au moment où on les a construits.

Notre attente n'a pas été trompée, disons-le tout d'abord, et nous avons trouvé, pour la première fois depuis l'origine des travaux, une source coulant réellement d'une façon assez abondante, quoique avec une minéralisation médiocre, une trentaine de degrés environ, et non plus cette multitude de suintements donnant peut-être à eux tous la même quantité d'eau, mais d'une façon gênante au point de vue de l'utilisation.

A côté, cependant, se trouvent encore de petits griffons donnant de l'eau en quantité moins abondante, mais beaucoup plus minéralisée. Il y en a cinq principaux : l'un donnant l'eau la plus forte, contenu dans l'intérieur du bassin, et quatre autres situés en dehors, mais ramenés par des conduites fort courtes, de quelques centimètres, dans l'intérieur du réservoir ; tous ces filets ont une sulfuration variant entre 50 et 80 degrés.

L'expérience décisive allait donc être faite. La minéralisation de l'ancienne source atteignait normalement 150° ; elle avait été quelquefois à 200°, nous dirons tout à l'heure dans quelles conditions : allions-nous, en laissant monter l'eau dans le réservoir, observer le même phénomène ? Ce n'est pas sans une certaine anxiété que nous avons attendu le résultat ; il ne nous a heureusement pas fait défaut : à peine l'eau avait-elle atteint dans le bassin le niveau moyen qui lui avait été fixé, que la sulfuration a augmenté rapidement, surtout dans les couches inférieures, où elle a atteint et même dépassé le degré primitif.

Nous ne reproduirons pas les dosages et jaugeages faits à diverses reprises par plusieurs observateurs, et ne prendrons ici que le résultat pratique, le seul intéressant au point de vue de l'utilisation de la source. Autrefois, d'après les renseignements qu'a bien voulu

me fournir M. Domenge, la quantité *maxima* d'eau à
150° que l'on pouvait recueillir chaque jour, était de 250
litres ; aujourd'hui, nous avons disponible le triple de
cette quantité, avec la même sulfuration. Mais ce n'est
pas tout : pour obtenir de l'eau à 180°, il fallait laisser
autrefois le bassin de la Grande-Source en repos, et ne
pas tirer d'eau pendant huit jours ; pour avoir de l'eau
à 200°, pendant douze jours ; aujourd'hui, la Société
médicale de Chambéry, qui s'est transportée, le samedi
25 avril, à Challes, pour visiter les travaux, a trouvé
200° après un repos de vingt-quatre heures (1).

Enfin, indépendamment de ces émergences, qui constituent à elles toutes la *nouvelle Grande Source*, il y a
encore quelques filets d'eau relativement faibles, mais
qui, emmagasinés, pourront encore produire une eau
très-suffisante pour les besoins de l'inhalation ; un
second bassin a été construit pour les recevoir.

Nous ne nous appesantirons pas sur quelques détails
matériels relatifs à la préservation de la source dans les
nouvelles conditions où nous l'avons placée ; ils n'offrent
aucun intérêt. Nous nous bornerons à dire qu'en présence de ces fissures si multipliées, qui faisaient chan-
ger les émergences de place, pour ainsi dire à chaque
coup de pioche de l'ouvrier, nous avons cimenté, le
plus soigneusement que nous avons pu, les abords des
griffons, afin d'éviter que par la pression établie sur le
bassin, l'eau ne revienne sur ses pas et ne nous échappe
par ces fissures pour aller couler ailleurs : les réservoirs ont été voûtés, et un gros flacon laveur, placé à
l'orifice du déversoir, ne permettra à l'air de rentrer,
lorsque le niveau baissera, qu'après avoir traversé une

---

(1) Les dosages ont été opérés le 25 avril par MM. Calloud et
Duvernay, en présence de la Société médicale, au moyen de la
burette de Gay-Lussac. L'eau était désalcalinisée, avant chaque
essai, au moyen du chlorure de barium. Le titre de la teinture
d'iode chimiquement pure était rigoureusement exact, cela va
sans dire. — D' G.

certaine quantité d'eau sulfureuse, et être par cela même devenu inactif.

Il ne nous reste donc plus qu'à ajouter quelques mots sur les projets d'amélioration au point de vue de l'exploitation de la source. Ils ne pourront malheureusement pas être mis à exécution cette année avant la saison ; les travaux du captage proprement dit, qu'il fallait conduire avec la plus grande prudence, nous ont menés trop loin ; une installation provisoire permettra toutefois d'exploiter la source très-commodément, pendant l'été de 1874, en attendant le résultat des travaux définitifs qui seront entrepris l'automne prochain et terminés pour la saison de 1875. Voici sommairement en quoi ils consisteront :

Tout d'abord, il est évident que l'obligation de descendre à près de six mètres en contre-bas du sol, profondeur qui nous a été imposée par les travaux, serait assez gênante pour beaucoup de baigneurs malades ou peu valides ; il fallait autant que possible y remédier. Pour cela, des pompes en cristal que l'on va essayer cette année, et qui, nous avons tout lieu de le croire, fonctionneront très-bien, seront installées pour monter l'eau à la hauteur de 2^m 50.

L'empierrement de la route, qui est en contre-haut du sol naturel, sera enlevé sur une hauteur de 50 centimètres, et l'on n'aura plus ainsi qu'à descendre de 2^m 50 à 3^m pour arriver à la buvette ; dans ces limites, il est facile de faire un escalier commode, qui permette à tous les baigneurs d'aller eux-mêmes chercher leur eau.

De plus, une salle d'inhalation et une autre de pulvérisation, montées sur le pied des plus récents perfectionnements, seront installées à côté ; et, enfin, l'on continuera à donner au château de Challes des bains, qu'il sera maintenant facile de multiplier.

Tel est le court récit des diverses péripéties par lesquelles nous avons passé dans ce travail, qui nous a, pendant six longs mois, autant intéressé par sa nature délicate, que préoccupé par l'effet de notre responsabilité personnelle engagée. Qu'il me soit permis, en terminant, de remercier ici publiquement le directeur de la Société de Challes, M. Domenge, mon collaborateur assidu dans cette entreprise ; son intelligence et son dévouement m'ont été du plus précieux secours, et je le le prie d'en recevoir ici le témoignage de toute ma reconnaissance.

Chambéry, le 15 mai 1874.

L'Ingénieur des mines,

E. Boutan.

Chambéry, typographie E. D'Albane, place Saint-Léger, 13.

INDEX

—

PUBLICATIONS ANTÉRIEURES DE LA SOCIÉTÉ

Compte-rendu des travaux de la Société médicale de Chambéry, en 1848-50. — Chambéry, 1851.

Id. en 1851-53. — Chambéry, 1854.

Id. en 1854-58 (MICHAUD, secrétaire). — Chambéry, 1859.

Rapport sur l'enseignement de la médecine en Savoie, par MM. CARRET et GUILLAND. — Chambéry, 1852.

Note additionnelle à ce rapport. — Chambéry, 1852.

Mémoire à la Commission de la Chambre des Députés, chargée d'examiner le projet de loi sur l'enseignement. — Chambéry, 1854.

Rapport sur la collection des Eaux minérales de la Savoie à l'Exposition universelle de Paris, par M. Ch. CALLOUD. — Chambéry, 1855.

Collection des Eaux minérales de la Savoie, avec Notice et Carte hydrologique, par M. CALLOUD, à l'Exposition de Turin, en 1858. (*Médaille d'argent.*) Voir Catalogue de la Chambre d'Agriculture et de Commerce, pages 17 à 70.

Rapport sur le Choléra en Savoie, en 1855, par M. le docteur GUILLAND, rapporteur. — Chambéry, 1858.

Eau minérale de la Bauche : Rapport de la Commission de la Société médicale. — Chambéry, 1863.

Analyse de l'Eau de la Bauche, par M. Ch. CALLOUD. — Chambéry, 1863.

De la Médication par les ferrugineux et plus particulièrement par l'Eau de la Bauche, par M. le Dr GUILLAND. — Chambéry, 1865.

Procès-verbal des séances dès 1859. *in : Courrier des Alpes*, 1859-61 ; — *Courrier de Savoie*, 1862-68 ; — *Journal de médecine du Dauphiné et de la Savoie*, 1867-69.

Compte-rendu des Ambulances fixes de Savoie durant la campagne de 1870-71. — Chambéry, 1873.

Compte-rendu des Travaux de la Société médicale de Chambéry, durant les années 1859-73. — Chambéry, 1874.

www.ingramcontent.com/pod-product-compliance
Lightning Source LLC
Chambersburg PA
CBHW071527200326
41519CB00019B/6093